新编实用化工产品配方与制备
水处理剂分册

李东光　主编

中国纺织出版社有限公司

内 容 提 要

本书收集了与国民经济和人民生活密切相关的、具有代表性的实用水处理剂产品,内容涉及工业净水剂、水处理剂、阻垢剂、絮凝剂等方面,以满足不同领域和层面使用者的需要。

本书可作为从事与水处理剂相关新产品开发人员的参考读物。

图书在版编目(CIP)数据

新编实用化工产品配方与制备. 水处理剂分册/李东光主编. -- 北京:中国纺织出版社有限公司,2020.6
ISBN 978-7-5180-6616-2

Ⅰ.①新… Ⅱ.①李… Ⅲ.①化工产品—配方②化工产品—制备③水处理料剂—配方④水处理料剂—制备
Ⅳ.①TQ062②TQ072

中国版本图书馆 CIP 数据核字(2019)第 191244 号

责任编辑:范雨昕　　责任校对:寇晨晨　　责任印制:何 建

中国纺织出版社有限公司出版发行
地址:北京市朝阳区百子湾东里 A407 号楼　邮政编码:100124
销售电话:010—67004422　传真:010—87155801
http://www.c-textilep.com
中国纺织出版社天猫旗舰店
官方微博 http://weibo.com/2119887771
北京云浩印刷有限责任公司印刷　各地新华书店经销
2020 年 6 月第 1 版第 1 次印刷
开本:880×1230　1/32　印张:7.5
字数:205 千字　定价:88.00 元

凡购本书,如有缺页、倒页、脱页,由本社图书营销中心调换

前言

随着我国经济的高速发展，化学品与社会生活和生产的关系越来越密切。化学工业的发展在新技术的带动下形成了许多新的认识。人们对化学工业的认识更加全面、成熟，期待化学工业在高新技术的带动下加速发展，为人类进一步谋福。目前化学品的门类繁多，涉及面广，品种数不胜数。随着与其他行业和领域的交叉逐渐深入，化工产品不仅涉及与国计民生相关的工业、农业、商业、交通运输、医疗卫生、国防军事等各个领域，而且与人们的衣、食、住、行等日常生活的各个方面都息息相关。

目前我国化工领域已开发出不少工艺简单、实用性强、应用面广的新产品、新技术，不仅促进了化学工业的发展，而且提高了经济效益和社会效益。随着生产的发展和人民生活水平的提高，对化工产品的数量、质量和品种也提出了更高的要求，加上发展实用化工投资少、见效快，使国内许多化工企业都在努力寻找和发展化工新产品、新技术。

为了满足读者的需要，我们在中国纺织出版社有限公司的组织下编写了这套“新编实用化工产品配方与制备”丛书，书中着重收集了与国民经济和人民生活高度相关的、具有代表性的化学品以及一些具有非常良好发展前景的新型化学品，并兼顾各个领域和层面使用者的需要。与以往出版的同类书相比，本套丛书有如下特点，一是注重实用性，在每个产品中着重介绍配方、制作方法和特性，使读者据此试验时，能够既掌握方法，又了解产品的应用特性；二是所收录的配方大部分是批量小、投资小、能耗低、生产工艺简单，有些是通过混配即可制得的产品；三是注重配方的新颖性；四是所收录配方的原材料是立足于国内。因此，本书尤其适合中小企业及个体生产者开发新产品时选用。

本书的配方是按产品的用途进行分类的，读者可据此查找所需配方。由于每个配方都有一定的合成条件和应用范围限制，所以在产品的制备过程中影响因素很多，尤其是需要温度、压力、时间控制的反应性产品(即非物理混合的产品),每个条件都很关键,另外,本书的编写参考了大量有关资料和专利文献,我们没有也不可能对每个配方进行逐一验证,所以读者在参考本书进行试验时,应本着先小试后中试再放大的原则,小试产品合格后才能进行下一步,以免造成不必要的损失。特别是对于食品及饲料添加剂等产品,还应符合国家规定的产品质量标准和卫生标准。

本书参考了近年来出版的各种化学化工图书、期刊以及部分国内外专利资料等,在此谨向所有参考文献的作者表示衷心感谢。

本书由李东光主编,参加本书编写工作的还有翟怀凤、蒋永波、李嘉等,由于编者水平有限,书中难免有疏漏之处,请读者在应用中发现问题及不足之处及时予以批评指正。

编者

2019 年 8 月

目录

第一章 工业净水剂

第二章　水处理剂

第三章　阻垢剂

第四章　絮凝剂

第一章　工业净水剂

实例1　城市污水处理用高分子净水剂

【原料配比】

原　　料	配比(质量份)		
	1#	2#	3#
硫酸亚铁	1	2.5	3
硫酸	3	2	1
氯化镁	0.15	0.1	0.08
硅酸钠	3	2	1
铝酸钙	5	3	2
水	20	15	10

【制备方法】　将各组分混合均匀即可。

【产品应用】　本品主要应用于城市污水处理。

【产品特性】　本品对生活污水和工业污水净化效果好，同时还具有对污水中营养物质进行有效净化的污水处理功能。

实例2　稠油、超稠油污水净水剂

【原料配比】

原　　料	配比(g/L)	
	1#	2#
聚合氯化铝	0.09	0.09
带有端部羟基的超支化聚合物	0.03	0.015
阳离子型聚丙烯酰胺	—	0.015
水	加至1L	加至1L

【制备方法】　在水中先加入超支化聚合物，再加入聚合氯化铝、阳离子型有机高分子絮凝剂，也可以将两者按一定比例混合后加入。

【原料配伍】　超支化聚合物为端部带有羟基（—OH）、端部带有氨基（$—NH_2$）或端部带有羧基（—COOH）等各种带有端部极性基团的超支化聚合物。

【产品应用】　本品主要应用于稠油、超稠油采出液的污水处理，还可以应用于污染严重的炼油化工污水、染料废水等的处理。

【使用方法】　在以下各实例中均使用具塞量筒进行污水处理实验，污水量均为500mL，温度为70℃，将净水剂各组分按超支化聚合物、聚合氯化铝、阳离子型聚丙烯酰胺的顺序加入污水中，每加完一种组分，震荡量筒50次，使处理剂与污水混合均匀。静置30min后用722型分光光度计在波长664nm下测水的透光率和含油量。用本品处理超稠油污水，出水透光率均超过95%。

【产品特性】　由于本品中的超支化聚合物通过其分子中的大量端部活性基团与稠油中的极性物质通过氢键等发生分子间相互作用，将油珠及机械杂质聚集在其近于球形的分子周围，再加上有机或无机絮凝剂的配合作用，使得该净水剂能够有效地去除稠油、超稠油污水中的油和杂质，具有产生絮体快，絮体稳定，在器壁黏附少等优点。该净水剂还可以应用于污染严重的炼油化工污水、染料废水等的处理。

实例3　处理污水的复合净水剂

【原料配比】

原　料	配比（质量份）					
	1#	2#	3#	4#	5#	6#
硫酸铝	15	—	—	15	—	15
六水合三氯化铝	—	15	10	—	20	—
硫酸铁	20	25	—	—	20	—
硫酸亚铁	—	—	20	20	—	20

续表

原料	配比(质量份)					
	1#	2#	3#	4#	5#	6#
硫酸镁	—	—	—	15	15	15
氯化镁	15	15	20	—	—	—
次氯酸钠	20	20	20	20	—	—
次氯酸钙	—	—	—	—	15	20
聚丙烯酰胺	25	20	—	—	20	—
丙烯酸钠	—	—	25	20	—	15
硅酸钠	5	5	5	10	10	15

【制备方法】 各组分即用即配，配好后马上使用，否则发生化学反应，会失去功效。

【产品应用】 本品主要应用于工业和生活污水的达标处理。

【产品特性】 本品采用各具特色，性能互补的多种净水剂复配而成，特点是可同时起到混凝速度快、产生絮体大、水色度降低明显、重金属残留少、降低 COD 效果显著、处理成本低、适应水质条件宽、明显减少二次污染的作用。在不改变目前污水处理设备的条件下，可替代目前使用的净水剂。

实例 4 低温低浊度工业污水净水剂

【原料配比】

原料	配比(质量份)					
	1#	2#	3#	4#	5#	6#
盐酸溶液(8%)	55	—	—	—	—	—
盐酸溶液(5% ~10%)	—	40	60	—	—	—
盐酸溶液(8% ~9%)	—	—	—	60	50	50
铁粉	7	10	5	6	8	8

续表

原　　料	配比(质量份)					
	1#	2#	3#	4#	5#	6#
铝酸钙	12	15	10	12	13	12
铝粉	7	10	5	6	8	8
硫酸钙	12	15	10	12	13	13

【制备方法】　取盐酸溶液,向盐酸溶液中加入铁粉和铝粉,边搅拌边加热,使溶液温度保持在 30～35℃,然后加入铝酸钙和硫酸钙,继续搅拌,并继续加热至 100℃后停止搅拌,反应 30～40min 后,冷却至常温后进行过滤,即得成品。

【产品应用】　本品主要应用于工业污水的净化。

【产品特性】　本品净化效果非常好,并且本品对高浊度工业污水的净化效果也很好,其成分简单易得,配伍简单,它主要是针对低温、低浊度工业污水进行净化,成本低廉,pH 值在 5.5～6.5,净化后的污水能够达到排放标准,为环保型净水剂。

实例 5　多离子复合净水剂

【原料配比】

原　　料	配比(质量份)		
	1#	2#	3#
废硫酸(90%)	10	—	—
工业盐酸(20%)	—	10	—
工业硫酸(70%)	—	20	—
废盐酸(10%)	—	—	60
多种金属的铝合金污泥	89	69.5	39.5
重金属捕集剂	1	0.5	0.25
二甲基二硫代氨基甲酸钠	—	—	0.5

【制备方法】

(1)在防腐反应釜/池中用防腐泵打入酸。

(2)搅拌反应液的同时用装载机将含有多种金属的铝合金污泥加入反应釜/池,控制所述多种金属的铝合金污泥的加入量来调节 pH 值至0.5～2.5;常温下继续搅拌反应 1.5～2h,使所述多种金属的铝合金污泥完全溶解,得到铝锌镁多离子复合净水剂 A。

(3)向步骤(2)所得物料中加入重金属捕集剂,继续搅拌 0.5h。

(4)用防腐泵将步骤(3)所得液体打入沉淀池后用压滤机进行固液分离,液相即为铝锌镁多离子复合净水剂 B,固相为不溶的重金属络合物和不溶物杂质的残渣。

【原料配伍】

所述酸为质量浓度 20%～30% 的工业盐酸、质量浓度 70%～90% 的工业硫酸、质量浓度 10%～30% 的废盐酸或质量浓度 50%～90% 的废硫酸中的一种或多种。

所述含有多种金属的铝合金污泥是铝合金表面处理废水经污水处理后压滤得到的;所述多种金属的铝合金污泥中含有大量一水软铝石(γ-AlOOH)、固体多孔物质、氢氧化锌、氢氧化镁以及重金属化合物氢氧化镍、氢氧化铬和氢氧化铜等。固体多孔物质中大部分是晶体,小部分呈无定形结构。

所述重金属捕集剂为以下物质中的一种或多种。无机硫化物:硫化钠、多硫化钠、硫化钾、硫化铵;有机硫化物:乙二胺四乙酸二钠、乙二胺四乙酸、二甲基二硫代氨基甲酸钠、二甲氨基二硫代甲酸钠、二乙基二硫代氨基甲酸钠、*N*,*N*-双(二硫代羧基)二乙烯三胺乙基聚合物或 DTCR 重金属捕集剂。

所述铝锌镁多离子复合净水剂 A 中含有重金属离子,用作污水净水剂,有可能会增加污水中的重金属含量的风险,导致排放水重金属超标,若要使用应先做试验,确保排放水中重金属达标排放,但绝不允许直接用于生活饮用水的处理,重金属离子含量符合“聚合氯化铝国家标准”Ⅱ类液体的标准;所述铝锌镁多离子复合净水剂 B 中不含或含有较少重金属离子,重金属离子含量符合“聚合氯化铝国家标准”Ⅰ

类液体的标准，用作饮用水净水剂。

【产品应用】　本品主要应用于废水处理。本品铝锌镁多离子复合净水剂中存在的铝、镁、锌等离子在废水中进行水解形成负电荷，从而会吸附大量带正电荷的污染物，由于镁和锌离子的存在可以协同铝离子产生协同效应，吸附更多的污染物产生更大的絮凝体，从而更容易进行分离。这样可以相对地减少净水剂的用量，加快废水的分离速度，增加废水的 COD 去除率，提高废水的脱色率，提高废水的处理量。对于 COD、色度相对较高的印染废水通过铝锌镁多离子复合净水剂处理后 COD、色度的去除率比其他普通的净水剂有明显的提高。用于处理含有废水特别是洗毛废水有明显的效果，含油废水中由于乳化剂的作用，普通净水剂不容易将废水进行油水分离，引入硫酸根后，破坏了含油废水的稳定基团，打破了油水平衡使油和水更容易被分离。

【产品特性】　只需一步反应就能直接生成产品；无须加热就能反应，节约能源；生产过程中产生的不溶物大大减少，如果用传统法生产需用多步法才能实现，由于铝矾土的溶出率只有 80%，用铝矾土生产会产生大量残渣，而本品的残渣只有多步法的 1/20，能节省处理这些残渣的成本；通常的净水剂要求 pH 值在 3 左右才能有絮凝作用，但本品的净水剂在较低的 pH 值下就能与废水产生絮凝，尤其适用于碱性废水的处理，减少用酸来调节 pH 值至后加净水剂的步骤，扩大了对废水 pH 值的要求范围，增大了对废水 pH 值的适应性，这是其他净水剂无法比拟的。

实例 6　多效除污染净水剂

【原料配比】

原　　料	配比(质量份)				
	1#	2#	3#	4#	5#
高锰酸钾	0.2	0.4	0.5	0.4	0.6
活性炭	0.6	—	0.1	0.3	0.2
水溶性淀粉	0.1	—	—	—	—

续表

原料	配比(质量份)				
	1#	2#	3#	4#	5#
水溶性钙盐	—	0.5	—	—	—
水溶性铁盐	—	—	0.3	—	—
水溶性铝盐	—	—	—	0.2	—
硅藻土	0.1	—	—	—	—
黏土	—	0.1	0.1	—	—
膨润土	—	—	—	0.1	0.1
季铵盐	—	—	—	—	0.1

【制备方法】 将各组分混合均匀即可。

【产品应用】 本品主要应用于净化水质。

【使用方法】 (1)方法1:将所述净水剂溶解于溶药池中,浓度为1%~10%,搅拌,通过泵或流量计投加至待处理地表水中,投量根据源水水质情况控制在1~8kg/kt水,反应10min,然后投加常规铝盐混凝剂,经混凝沉淀过滤消毒。

(2)方法2:将所述净水剂与铝盐混凝剂按1∶5~1∶10混合后制得复合絮凝剂,以复合絮凝剂10~50mg/L的投量直接投加至源水中进行混凝处理。

【产品特性】

(1)能够有效提高浊度去除率,对于混凝困难的地表水能够增加絮体生成量及矾花密实度,提高沉淀效率。

(2)氧化去除水中有机物,消除污染造成的色度、臭味,提高出水常规指标。

(3)对耗氧量、氨氮等指标有明显改善,去除率达到25%~60%。对毒性大的小分子有机物、苯类、酚类等,去除率达80%以上。

(4)对于富营养化严重的湖泊、水库水有显著的灭活藻类的作用,提高沉淀、过滤工艺的除藻效率,藻类去除率能够达到80%~90%。

(5)能够提高混凝效率,降低常规混凝剂用量20% ~30%。

(6)能够有效吸附共沉积重金属离子。

(7)该技术投加设备使用简单、方便,投资小、见效快。

实例7　多元共聚复合固体净水剂

【原料配比】

原　料	配比(质量份)	
	1#	2#
硫/磷混酸	54(体积)	51(体积)
水	—	100(体积)
$Al(OH)_3$	—	34
七水合硫酸亚铁	540	500
硝氯氧化剂	47(体积)	—
PHP 水解混合物	14	—
氯化铁	3	—
Na_3PO_4	—	84
氯化铝	—	2.5

【制备方法】　将七水合硫酸亚铁在由硫酸、磷酸组成的混酸中于120 ~140℃的条件下先进行改性,然后以硝氯氧化剂于50 ~70℃的条件下进行氧化,经与铝酸盐复配增聚后,加入 Na_3PO_4 对三价铁进行络合,再与PHP水解混合物接枝共聚,最后加入铁盐或铝盐作晶种,从而制得本品。

【产品应用】　本品主要应用于净化水质。

【产品特性】　本方法中先对七水合硫酸亚铁进行改行,使氧化工序具有时间短、温度低、氧化剂用量少和不污染环境的突出优点;磷酸根离子的介入,较大程度地提高了聚合物中羟基的稳定性;采用羧酸衍生物中酰胺的水解混合物接枝共聚和加入晶种制备固体产品,较传统的脱水干燥法或药剂催化固化法节约能源,降低成本,并可制得高盐基度、高稳定性产品,其净化能力强,对水质的 pH 值范围适应更广。

实例 8 多元共聚氯化铁净水剂

【原料配比】

原料		配比(质量份)
微量聚合氯化铁	精铁矿粉(含三价铁 90% 以上)	25 ~ 30
	工业用水	7 ~ 15
	氢氧化钠①	1 ~ 10
	氟化钠	2 ~ 8
	氯酸钠	5 ~ 8
	盐酸	50 ~ 60
聚合淀粉	工业用水	50 ~ 60
	氢氧化钠②	20 ~ 40
	玉米粉	3 ~ 10
	磷酸二氢钠	0.5 ~ 2
	尿素	5 ~ 10
	氢氧化铝	0.2 ~ 1
微量聚合氯化铁∶聚合淀粉		1∶1

【制备方法】

(1)中间体微量聚合氯化铁的制备:在一反应器 A 中加入含三价铁 90% 以上的铁粉和工业用水,搅拌均匀后再加入氟化钠、氯酸钠、氢氧化钠①,边加热边搅拌,将加热温度控制在 20 ~ 70℃,搅拌时间为 20 ~ 30min,然后加入盐酸并继续搅拌 50 ~ 70min,即得。

(2)中间体聚合淀粉的制备:在另一反应器 B 中加入工业用水、氢氧化钠②、植物淀粉、磷酸二氢钠、尿素、氢氧化铝,在 20 ~ 40℃的温度条件下搅拌 50 ~ 70min，即得。

（3）按配比将微量聚合氯化铁加入已形成聚合淀粉的反应器 B 中，经 50 ~ 70min 的多元共聚后进行过滤，即得成品。

【产品应用】 本品可广泛用于各种水的净化处理。

【产品特性】 本品原料易得，配比科学，生产成本较低，反应周期短，净水效果好，符合环保要求，市场前景广阔。

实例 9　多元共聚铁系净水剂

【原料配比】

原料	配比（质量份）	
	$1^{\#}$	$2^{\#}$
硫酸亚铁	480	420
硫酸	38	50
硝酸锌	26	28
铁氧石	6	8
水	860	880

【制备方法】 将各组分混合均匀即可。

【产品应用】 本品主要应用于净化水质。

【产品特性】 本品配方合理，净水效果好，生产成本低。

实例 10　废水处理用复合净水剂（1）

【原料配比】

原料	配比（质量份）		
	$1^{\#}$	$2^{\#}$	$3^{\#}$
氯化铝	90	—	—
高岭土	5	—	—
沸石	5	—	10

续表

原料	配比(质量份)		
	1#	2#	3#
硫酸铝	—	70	—
聚合铝	—	10	60
膨润土	—	10	10
明矾石	—	10	—
硅藻土	—	—	10
石英粉	—	—	10

【制备方法】 将不可溶性单体经膨化或酸化处理后，与可溶性单体混合均匀即可。

【原料配伍】 所述可溶性单体选自硫酸铝、氯化铝、氯化铁、碱式氯化铝、聚合铝中的一种或几种。

所述不可溶性单体选取高岭土、膨润土、硅藻土、石英粉、沸石、明矾石中的一种或几种；不可溶单体最好先经粉磨、颗粒半径值控制在$R \leqslant 0.03$mm，并经膨化或酸化处理。

【产品应用】 本品应用于畜牧场、食品厂、肉类加工、生活污水、油田废水、造纸厂、电镀、洗煤、印染、漂染等废水净化处理。

【产品特性】 本品应用范围广，对多种废水都可以达到较好的混凝效果；快速形成机体，沉淀性能好，脱色效果好；适宜的 pH 值及温度范围较宽；单体使用量比单一型低。本品选用的可溶性单体具有引发连锁脱稳反应的作用，控制不溶性单体颗粒半径可以改善生成絮体的密度和强度，增大不溶性单体的接触面积可以增强其吸附架桥能力，这些因素都大大提高了净化水质的效率。

复合净水剂在通过化学反应来破坏废水中的污染物的稳定性的同时，增加其吸附架桥能力及改善生成絮体的粒径、密度和强度，比单一型净水剂具有更多的功效。

实例11　废水处理用复合净水剂(2)

【原料配比】

原　　料	配比(质量份)		
	1#	2#	3#
聚合态碱式氯化铝	14~15	10~12	12~13
聚合态碱式硫酸铁	10~11	14~15	12~13
氯化铁	9~9.5	9.5~10	9~9.5
硅酸钠	1~1.5	1.5~2	1.3~1.8
硫酸(98%)	0.5~1	0.5~1	0.5~1
水	加至100	加至100	加至100

【制备方法】　首先将硅酸钠溶于水,再加入硫酸,在酸性状态下,生成活性硅酸,在搅拌状态下依次加入聚合态碱式氯化铝、聚合碱式硫酸铁和氯化铁,对混合溶液静置1~2h即得成品。

【产品应用】　本品可广泛用于城市生活废水和工业废水的处理。

【产品特性】　本品由聚合态碱式氯化铝、聚合态碱式硫酸铁、氯化铁、硅酸钠、硫酸和水组成,在聚合态碱式氯化铝中引入铁盐,利用聚合态碱式硫酸铁水解产生的多种高价和多核离子,对处理水中的悬浮胶体颗粒进行电性中和,降低电位,促使离子相互凝聚,产生吸附,架桥交联作用,增强混凝的协同效应,减少铝的残留量,对设备基本上无腐蚀,铝盐可保证硅酸钠的稳定性和活性,具有很好的卷扫和网捕能力,能有效去除废水中的重金属,降低COD并脱硫,本品药剂用量低,适应水质条件较宽,可广泛用于城市生活废水和工业废水的处理。

实例12　废水处理用聚硅硫酸铁型复合净水剂

【原料配比】

原　　料		配比(体积份)
半成品(Ⅰ)	$Na_2SiO_3 \cdot 9H_2O$	40.8(质量份)
	H_2O	100
	浓 H_2SO_4	12

续表

原料		配比(体积份)
半成品(Ⅱ)	H_2O	100
	$FeSO_4 \cdot 7H_2O$	200(质量份)
	浓 H_2SO_4	4
H_3PO_4		2
H_2O_2(30%)		100
磷酸稳定剂		适量

【制备方法】 把 $Na_2SiO_3 \cdot 9H_2O$ 溶解于水中,在搅拌下加入浓硫酸得到半透明的硅酸半成品(Ⅰ),另在100mL水中加入 $FeSO_4 \cdot 7H_2O$ 和浓硫酸,加热使 $FeSO_4 \cdot 7H_2O$ 完全溶解,得到半成品(Ⅱ),将上述(Ⅰ)和(Ⅱ)混合后加入 H_3PO_4,在搅拌下于常温加入过氧化氢和磷酸稳定剂进行氧化,过氧化氢的加入速度为4h加完100mL为限,反应后,在70℃熟化2h,得到红褐色的液体聚硅硫酸铁产品,再经干燥后可得固体产品。

【产品应用】 本品主要应用于城市污水处理。

【产品特性】 本品净水剂**【制备方法】**,工艺简单,反应温度低,便于操作。所得净水剂对废水处理时,不仅可避免二次污染,而且具有脱色效果好,矾花大,沉降快,pH值适用范围广的特点。

实例13 废水处理用聚铝硫酸铁型复合净水剂

【原料配比】

原料	配比(体积份)
$Al_2(SO_4)_3 \cdot 18H_2O$ 和 $FeSO_4 \cdot 7H_2O$(摩尔比3:7)	104(质量份)
水	200
浓 H_2SO_4	8
H_3PO_4	2
H_2O_2(30%)	100
磷酸稳定剂	适量

【制备方法】　将 $Al_2(SO_4)_3 \cdot 18H_2O$ 和 $FeSO_4 \cdot 7H_2O$ 溶于水中，加入浓 H_2SO_4 和 H_3PO_4，在搅拌和常温条件下缓慢加入 H_2O_2 和磷酸稳定剂，进行氧化反应，H_2O_2 的加入速度为4h，加完100mL为限，反应结束后，在70℃下熟化4h，即得到红褐色的液体聚铝硫酸铁型净水剂(PAFS)，再经干燥可得固体产品。

【产品应用】　本品主要应用于污水处理。本品提供的聚铝硫酸铁型(PAFS)净水剂适用于pH值为3～12的污水处理，处理污水时的净水剂加入量为30～60mg/L为最佳。

【产品特性】　本品净水剂具有反应温度低，反应速度快，适用范围广，投加量小，浊度去除率高，脱色效果好等特点。

实例14　复合多元聚铝净水剂

【原料配比】

原　　料	配比(质量份)
粉状硅酸盐(含量90%)	36.7
硫酸(含量97%)	10
六水合三氯化铝	1
硫酸铝	0.6
二氧化硅	1.7
水	加至100

【制备方法】　向常温生产容器内注入水，然后搅拌加入粉状硅酸盐，再缓慢加入硫酸，反应2h后分别加入六水合三氯化铝、硫酸铝、二氧化硅，冷却至50℃装入塑料桶，即得成品。该净水剂在20℃时的相对密度为1.45，pH值为1～2，使用时需稀释若干倍水量，按原水水质来确定投加比例。

【产品应用】　本品广泛用于化工、医药、冶金、选矿、造纸等工业废水的处理，特别适用于高浓度、高色度的废水。

【使用方法】　废水1000L(色度为100倍，COD值为1000mg/L，pH＝7)中加入石灰(CaO)2.5kg，搅拌溶解后加本剂50kg反应0.5h，沉淀 2h 分离清液(清液色度 10 倍,COD 值为 100mg/L,pH =7),如沉淀物循环使用,则本剂再投加量可减少到 30kg,处理效果等同。

【产品特性】 活性硅酸具有价格低、处理后水中的残留量较其他净水剂低的优点,铝盐中的铝离子在水中水解缩聚形成高聚物,可将水中带负电荷的微粒相互黏结而沉淀,在低温情况下也能达到如此效果,由此产生的协同作用,可使所述净水剂脱色效果优于其他净水剂,对高浓度(COD 值为 1000mg/L 以上)、高色度(色度在 5000 倍以上)的染化和其他化工生产废水处理,投加本净水剂 1% ~2% 可使色度降至几百,如投加本净水剂 2.5% ~3%,可使色度降至 45,是一般混凝剂处理效果的几十倍。

实例 15 复合净水剂(1)

【原料配比】

原料		配比(质量份)				
		1#	2#	3#	4#	5#
无机盐类净水剂	聚合氯化铝	100 ~ 1000	—	—	—	—
	硫酸亚铁	—	100 ~ 1000	—	—	—
	硫酸铝	—	—	100 ~ 1000	—	—
	碱式氯化铝	—	—	—	100 ~ 1000	—
	三氯化铁	—	—	—	—	100 ~ 1000
有机物	烷基苯磺酸钠	1 ~ 100	1 ~ 100	—	—	—
	烷基硫酸钠	—	—	1 ~ 100	—	—
	椰子油酸乙醇酰胺	—	—	—	1 ~ 100	—
	月桂酸单乙醇酰胺磺基琥珀酸钠	—	—	—	—	1 ~ 100

【制备方法】　将各组分混合，进行膨化工艺处理即得产品。产品为固体，可以直接应用，但最好粉碎成粉末使用。

膨化工艺已是成熟的技术，已有成型的膨化设备，是在真空和一定温度下使配料进行充分反应，然后解压使其膨化。真空度按常规要求确定即可，膨化处理温度控制在 60～500℃ 为宜，以 80～150℃ 为佳。

【产品应用】　本品主要应用于污水净化处理。

【产品特性】　使用方法同普通的无机净水剂相同，无特殊要求。既可单独使用，也可与其他净水剂以任意比例配合使用。经多次试验证实，本品净水剂净化处理能力强，其使用用量小，仅为其他净水剂用量的 1%，甚至是 1‰时，即可达到其他净水剂同样净化效果，大大降低了使用成本，更利于普及推广。

实例 16　复合净水剂(2)

【原料配比】

原料		配比(质量份)		
		1#	2#	3#
硫酸亚铁(有效含量 70% 以上)		20	40	15
轧钢厂酸洗废液		10～20	5～10	25～50
水		30(体积份)	40(体积份)	10～20(体积份)
氧化剂	次氯酸钠(10%)	10	—	—
	氯酸钠(99%)	—	3～4	—
	双氧水(35%)	—	—	10～20
碱化剂	铝粉	—	—	0.5～2
	氢氧化铝	—	—	0.5
	铝酸钙	—	2～5	—
壳聚糖类高分子季铵盐(浓度 1‰)		2(体积份)	1～5(体积份)	2～8(体积份)

【制备方法】　将硫酸亚铁溶液、轧钢厂酸洗废液和水混合搅拌均匀，然后加入氧化剂继续搅拌，温度为80～90℃下反应2～3h后，静置沉淀，取上清液加入碱化剂调pH值为0.5～1，边搅拌边滴加壳聚糖类高分子季铵盐，共聚反应3～5h，静置1～2天，得到用于化学机械浆废水深度处理用液体复合净水剂，在20℃时的相对密度为1.19～1.30，氧化铁质量百分比含量≥7%，pH值为1～2，将液体复合净水剂进行干燥得固体复合净水剂。

【原料配伍】　所述氧化剂为氯酸盐、高氯酸盐、双氧水和次氯酸盐中的任意一种或几种的任意比混合物；所述碱化剂为铝粉、氢氧化铝、铝酸钙、氢氧化钠等中的任意一种或几种的任意比混合物；所述轧钢厂酸洗废液为盐酸洗废液和硫酸洗废液中的任意一种或两种以上任意比例的混合物。

【产品应用】　本品可广泛用于造纸行业废水，用于废水深度处理除浊、脱色和降COD。

【产品特性】

(1)本品生产的复合净水剂处理化学机械浆废水，在相同的投加量下，处理效果明显优于其他市售产品。

(2)对提取成品液后的废渣进行水洗，洗后的水进入下一轮原料配置反应使用，废渣可提供给建筑材料厂用于生产建材。

(3)本品以工业副产盐酸或副产硫酸和轧钢厂酸洗废液为原料进行生产，工艺过程简单，便于操作，不产生二次污染，生产成本低。

实例17　复合净水剂(3)

【原料配比】

实例1

原　　料	配比(质量份)
煤泥(含水量<2.0%)	400
废酸(浓度15%～20%)	500
铝灰	5
水	100

实例2

原　　料	配比(质量份)
聚丙烯酰胺(PAM)	1
$MgCl_2$(或 $CaCl_2$)	0.05
水	1000

【制备方法】 用泵将煤泥抽进反应池内,加入水,接着投入硫酸进行酸化反应,再加铝灰增加温度,随后通过铝炉蒸汽加热催化,生成硫酸铝和硫酸亚铁,活性氧化硅和活性炭。在反应过程中,要经常测温并计算时间,达到温度和反应时间,将溶液排放到成品储池内,冷却后即为净水剂1#。

在处理煤泥水时,为了助沉和絮凝,改变软水质,还需2#净水剂,将PAM、$MgCl_2$、水混合稀释溶解后,即是净水剂2#。

【产品应用】 本品主要应用于洗煤厂处理工业废水。

【使用方法】 用泵把净水剂1#从成品池内抽到洗煤浮选车间,按尾矿煤泥水的流量0.5‰投入煤泥水中,接着将配制好的净水剂2#,按煤泥水的2‰投入浓缩池上的水流槽内煤泥水中,通过煤泥水的流动混合进入浓缩池内,在浓缩池内絮凝沉淀转变为清水,清水层可达1.6m,固体含量低于0.3g/L,通过溢流方法,把清水溢流到循环清水池,把清水用泵抽到洗煤车间再洗煤,经过洗煤又变成煤泥水,用上述方法再净化,清水再回用,底流煤泥再生产净水剂。用煤泥反复生产净水剂,用净水剂反复净化煤泥水,溢流清水反复洗煤,达到完全系统闭路循环。

【产品特性】 本品应用于洗煤厂处理工业废水,尤其是洗煤废水,达到以废治废,变废为宝的目的。

本品的复合净水剂包括镁、铝、铁、钙、无机酸盐和水及少量有机絮凝剂,这种复合净水剂中的水溶性镁、铁、铝离子对废水,尤其是煤泥水中的絮凝物起吸附、助沉作用,它们的共同作用使净化煤泥废水的效率提高,可节省相当可观的水处理费用。

实例18 复合净水剂(4)

【原料配比】

原料	配比(质量份)	
	1#	2#
硫酸铝	180	166
硅酸钠	36	32
氯化铁	89	96
聚丙烯酰胺	19	18
氯化镁	36	26
碳酸镁	7	5~10
水	230	186

【制备方法】 将各组分混合均匀即可。

【产品应用】 本品主要应用于水质净化。

【产品特性】 本品配方合理,净水效果好,生产成本低。

实例19 复合净水剂(5)

【原料配比】

原料	配比(质量份)
水	990
矿渣	1000
硫酸	810
絮凝剂聚丙烯酰胺	10
H_2O_2	25~30

【制备方法】 先将水加入反应釜内,再将矿渣倒入,然后加入硫酸,密闭自然反应2h,向反应物内加入上述同等量的水进行稀释,然后将稀释后的反应物排放入沉降槽,加入少量絮凝剂自然沉降,沉淀2~4h,固液分离,清液pH值约控制在2;将上述清液打入聚合容器,

H_2O_2由容器底部喷洒进入清液，与清液快速氧化聚合，使Fe^{2+}含量不高于0.2，即得聚合硫酸铝铁成品液。

将提取成品液后的物料进行水洗，二次洗水可加入反应釜内与硫酸反应，一次洗水可用于稀释反应物，洗液复用，废渣排放渣场。

上述聚合硫酸铝铁成品液经蒸馏脱水，相对密度控制在1.66~1.71，出料后自然结晶，然后破碎成粒状或粉状，即得固体聚合硫酸铝铁。

【产品应用】　本品主要应用于污水净化。

【产品特性】　本品以废渣为原料，生产成本低，工艺简单，便于操作，常温常压，节能省电，不产生二次污染，生产效率高；铝、铁复合，处理污水效果优于单质产品，能达到以废治废，在水处理过程中具有絮凝体形成速度快，絮团密度大，沉降速度快等特点。

实例20　复合净水剂(6)

【原料配比】

原　料	配比(质量份)
水	990
矿渣	1000
硫酸	810
絮凝剂聚丙烯酰胺	0.01
双氧水(H_2O_2)	25~30

【制备方法】

(1)先将水加入反应釜内，再将矿渣倒入，然后加入硫酸，密闭自然反应2h；反应物内加入上述同等量的水进行稀释，然后将稀释后的反应物排入沉降槽，加入少量絮凝剂自然沉降，沉淀2~4h，固液分离，清液pH值控制在2左右。

(2)将步骤(1)所得清液打入聚合容器，根据Fe^{2+}含量加入双氧水，双氧水由容器底部喷洒进入清液，与清液快速氧化聚合，使Fe^{2+}含量≤0.2,即得聚合硫酸铝铁成品液(红褐色黏稠透明液体)。

将提取成品液后的物料进行水洗,二次洗水可加入反应釜内与硫酸反应,一次洗水可用于稀释反应物,洗液复用,废渣排放渣场。

(3)上述聚合硫酸铝铁成品液经蒸发脱水,波美度控制在58°~60°,出料后自然结晶,然后破碎成粒状或粉状,即得成品。

【注意事项】 本品采用硫酸厂生产硫酸后的废渣为原料,废渣中Fe_2O_3含量40%~70%,Al_2O_3含量15%~20%,按化学计量,浸出率60%~80%,配酸浓度45%~50%,硫酸浓度为92.5%~98%。

【产品应用】 本品可用于处理生活用水、工业废水、城市污水,对各种污水中的COD、BOD、悬浮液、色度、微生物等都有良好的去除效果。

【产品特性】 本品以废渣为原料,生产成本低,工艺简单,便于操作,节能省电,不产生二次污染,生产效率高;铝、铁复合,具有絮凝体形成速度快,絮团密度大,沉降速度快等特点,处理污水效果优于单质产品,能达到以废治废的目的。

实例21　复合无机高分子硅铁盐净水剂

【原料配比】

原　　料	配比(质量份)
酸洗废液	18
硫酸	1
乙酸	0.52
水	15.2
双氧水	1~1.5
硅酸钠	21
氧化剂氯酸钠	2

【制备方法】 称取钢铁厂酸洗废液,置于恒温搅拌容器内搅拌;在另一烧杯内将硫酸、乙酸、水搅拌成混合溶液,再将混合溶液加入酸洗废液中;接着再快速加入双氧水,以100r/min的速度快速搅拌5min,再以45~60r/min的速度搅拌20min,得红褐色黏稠状聚合硫

酸铁溶液；称取硅酸钠，硅酸钠中 Si 与聚合硫酸铁溶液中 Fe 的摩尔比为 1∶20，以 50% 的蒸馏水完全溶解，再用适量硫酸调整至外观呈透明淡蓝色止，将硅酸钠溶液用玻璃滴加管以 1 滴/s 的速度滴加入聚合硫酸铁溶液中；最后，快速加入作为氧化剂的氯酸钠，保持 45～60r/min 的速度持续搅拌 1h，得到淡黄色黏稠胶状物体即为成品。

【产品应用】　本品主要应用于江河原水处理、工业污水处理、纸浆絮凝处理等方面的净水处理。

【使用方法】　在对原水絮凝处理时，按原水与药剂的体积比为 10∶1 投加，除浊率可达 90% 以上，COD 去除率达 88% 以上，和同类铁盐相比具有用量少、效果好的特点。

【产品特性】　本品不但可以大幅降低水处理药剂成本，还可有效利用当地的钢铁厂废弃液以及地方大量的硅酸钠资源。

（1）本品处理江河原水，可达国家饮用水质标准，因成本低、投加量少，可大大降低制水成本。

（2）应用于工业污水处理，可有效降低水体 COD、BOD、浊度、重金属含量，使污水能达标排放，并可有效降低污水处理成本，作为中水回用絮凝剂，可使水资源得到循环使用，缓解用水压力。

（3）用于造纸絮凝，可有效提高纸浆的回收率，并提高成纸质量。

实例 22　改性坡缕石净水剂

【原料配比】

原　　料	配比（质量份）		
	1#	2#	3#
经提纯的坡缕石	100	100	100
乙烯基三甲氧基硅烷	0.1	—	—
γ－氨丙基三乙氧基硅烷	—	0.3	—
γ－(2,3－环氧丙氧)丙基三甲氧基硅烷	—	—	0.5
十六烷基三甲基氯化铵	0.1	—	—

续表

原　料	配比(质量份)		
	1#	2#	3#
十六烷基三甲基溴化铵	—	0.05	—
十二烷基三甲基氯化铵	—	—	0.01
活性炭粉末	1	2	2
氢氧化钠溶液(0.1mol/L)	0.5	0.3	—
氢氧化钠溶液(0.5mol/L)	—	—	0.2

【制备方法】

(1)坡缕石的提纯:向500份水中加入100份坡缕石,机械搅拌10min,静置1min,只取上层和中层混浊液,离心,于110℃下烘干,研成粉末,过320目筛,备用。

(2)向粒度为200~350目的经提纯的坡缕石中加入硅烷偶联剂、烷基铵盐,搅拌混合均匀后,向混合体系中加入60~80℃的水,使体系的固液比为1/2~1/5,在常温下机械搅拌2~10min后,再向混合物体系中加入活性炭粉末,继续搅拌2~10min,同时加入浓度为0.1~1mol/L氢氧化钠溶液,然后于100~110℃下烘干,研成粒度为100~250目的粉末即得。

【原料配伍】 所采用的硅烷偶联剂主要有为乙烯基三甲氧基硅烷、γ-氨丙基三乙氧基硅烷、γ-(2,3-环氧丙氧)丙基三甲氧基硅烷中的任何一种。

在坡缕石的改性工艺中,烷基铵盐的加入,能与坡缕石中的阳离子发生交换反应,使有机物插入坡缕石微孔结构的内部,使微孔扩大,导致本来无法进入微孔的小分子有机物能被吸入微孔内。在坡缕石表面,有机铵根阳离子能与坡缕石形成弱电场,使带有官能团的有机物更容易被吸附。

硅烷偶联剂的加入,能与坡缕石中的羟基发生化学反应,使有机物嫁接在坡缕石的表面。未改性的坡缕石有极强的亲水性,使坡缕石表面容易形成水膜,阻碍有机物与坡缕石接触。改性坡缕石上的有机物破坏了水膜，有利于其他有机物与坡缕石的接触并被吸附。

活性炭粉末能把吸附过量的有机物传递给坡缕石。由于各物质的共同作用，使改性坡缕石对废水中的有机物具有很强的吸附能力。本品对有机物的吸附量是普通坡缕石的 2 ~ 10 倍。

【产品应用】　本品主要应用于废水处理净化。

【使用方法】　化工废水，废水处理前的基本状况：废水静置后，液面上浮起一层较厚的黑色黏稠状物质，下层液体显乳油状，并有强烈的臭味。

取废水上层液和下层液共 100g，加入 10g 改性坡缕石净水剂，搅拌静置，可观察到上层黑色黏稠状物质很快消失，改性坡楼石净水剂快速下沉，臭味立即消失，1h 后废水变得澄清透明。

【产品特性】　本品制备的改性坡缕净水剂对含高浓度油污污水有极强的处理能力，吸附性强，脱色性极强，除臭能力极好；污水处理速度比活性炭颗粒快，成本远低于活性炭颗粒。

实例 23　钙基高聚铝铁盐混凝净水剂

【原料配比】

原　　料	配比(质量份)
电镀废水	100
铁屑	12
铝屑	8
镀锌废水	4

【制备方法】

(1)向电镀废水中加入铁屑溶解反应。

(2)向上述溶液中再加入铝屑直至全部溶解。

(3)取上述溶液 1 份与镀锌废水混合。

(4)向上述溶液中加入石灰乳中和至 pH 值为 3 左右。

(5)将步骤(4)所得溶液静置 12h 以上，使 pH≥4.5。

也可以将步骤(4)所得的溶液在 60℃以下保温 5 ~ 6h，使 pH≥4.5。

【产品应用】 本品主要应用于处理印染废水。

【产品特性】

(1)本品是一种钙基高聚铝铁盐混凝净水剂,它在偏酸性条件下保持稳定,而在碱性条件下该盐中的 Ca^{2+} 与印染废水中染料的阳离子 R^+ 交换,形成铁的多聚絮态物质而沉淀,从而起到脱色作用。

(2)由于本品钙基高聚铝铁盐混凝净水剂是一种无机盐液体,遇水溶解,仅助剂石灰乳形成少量沉积,但仍大大低于用膨润土脱色时形成的污泥沉积。

(3)本品利用电镀和镀锌废水作为原料,添加其他化工原料经工艺合成制得净水剂,用来处理印染和漂染废水,不但成本低、效果好,而且大大减少了环境污染,可以形成"以废治废,变废为宝"的良性循环。

实例 24 高浓度高分子聚铁型净水剂

【原料配比】

原料	配比(质量份)
硫酸亚铁	0.65
硫酸	37
氧化剂	0.04
水	加至 100
脱色剂	0.01
助沉淀剂	0.01

【制备方法】 将一定量的硫酸亚铁、硫酸、氧化剂、水一次性加入反应釜。启动搅拌机 30min,将脱色剂、助沉淀剂,用少许水溶成糊状,加入反应釜搅拌 10min,即可得到高浓度高分子聚铁型净水剂。本反应的关键在于能够协调水解、氧化和聚合反应,使其能够均衡氧化,反应在 20min 即可完成。

【产品应用】 本品广泛适用于造纸、印染、化工、毛纺、电镀、炼油、医院、城市生活污水、矿山污水等各类行业的污水治理。

【产品特性】　本品反应时间短，无须加热、加压和冷却，无“三废”污染和安全隐患，且本身无毒无害、无副作用，对污水处理设备基本不腐蚀。本工艺流程反应速度快，生产效率高，综合成本低，成品质量好，以保证出口水质要求。

实例25　高浓度铝锌镁多离子复合净水剂

【原料配比】

表1　干污泥

原　　料	配比(质量份)
含有多种金属的铝合金污泥	100
循环滤液(水)	10～30
调质剂	3～10

表2　复合净水剂

原　　料	配比(质量份)		
	1#	2#	3#
废硫酸(90%)	10	—	—
废盐酸(50%)	—	30	—
工业盐酸(30%)	—	—	60
干污泥	89	69.5	39.5
硫化钠	1	—	—
DTCR 重金属捕集剂	—	0.5	—
重金属捕集剂 N,N－双(一硫代羧基)二乙烯三胺乙基聚合物	—	—	0.5

【制备方法】

(1)取含有多种金属的铝合金污泥，加入循环滤液和调质剂，充分混合，通过隔膜泵打入可变滤室压滤机内初滤保压后，得到固含量为10%～20%的滤饼，再通过滤板液压装置液压过滤，形成固含量为

50% ~70% 的干污泥滤饼，滤液作为循环滤液重复使用，最后经过粉碎机粉碎得干污泥。

（2）在防腐反应釜/池中用防腐泵打入质量浓度为 10% ~90% 的酸。

（3）搅拌反应液的同时用装载机将步骤（1）所得干污泥加入反应釜/池，通过控制所述多种金属的铝合金污泥的加入量来调节 pH 值至 0.5 ~2.5；常温下继续搅拌反应 1.5 ~2h，使所述干污泥完全溶解，得到铝锌镁多离子复合净水剂 A。

（4）向步骤（3）所得铝锌镁多离子复合净水剂 A 中加入硫化钠和重金属捕集剂，继续搅拌 0.5h。

（5）用防腐泵将步骤（4）所得液体打入沉淀池后用压滤机进行固液分离，液相即为铝锌镁多离子复合净水剂 B，固相为不溶的重金属络合物和不溶物杂质的残渣。

【产品应用】 本品主要应用于废水处理。

【产品特性】

（1）用量少，节约单位废水量的用药成本。

（2）适应性广，适用于各种废水，对同种废水能有效降低各阶段的负荷冲击，避免处理过程中频繁调整药剂添加量。

（3）矾花大，形成的絮凝体容易沉降。

（4）COD、色度的去除率相对较高。

（5）对废水 pH 值的要求范围大，适应性强。

实例 26　高效净水剂（1）

【原料配比】

原　　料	配比（质量份）			
	1#	2#	3#	4#
硫铁矿渣	1	1	—	1
铝矿渣	—	—	1	—
煤灰	1	—	—	0.8 ~1

续表

原料	配比(质量份)			
	1#	2#	3#	4#
膨润土	—	0.8~1	1.3	0.8~1
高岭土	—	0.6~1	—	—
盐酸(30%)	适量	适量	适量	适量
水	适量	适量	适量	适量

【制备方法】 将硫铁矿渣或铝渣与煤灰、膨润土或高岭土混合粉碎至粒度20目以下，用酸调节pH值为0.5~2时加水，搅拌制得。

【产品应用】 本品主要应用于污水净化。

【产品特性】 利用本品处理的水体，COD_{Cr}的去除率可达95%以上，pH值在6左右，无色，净水效果好，可再次使用，大大节约了水资源；以废治废，变废为宝，有效地保护了环境，充分地利用了资源；生产制造简单、使用方便、成本低廉，适用范围广，是非常理想的净水剂。

实例27　高效净水剂(2)

【原料配比】

原料	配比(质量份)	
	1#	2#
活性炭	1	1
硅藻土	—	2

【制备方法】

(1)高效活性炭净水剂的制备：将活性炭用气流粉碎机粉碎，使其纳米化，即得高效的纳米活性炭净水剂。

(2)高效活性炭硅藻土净水剂的制备：将活性炭与硅藻土按1∶2比例混合，用超微粉碎机粉碎，使之成为纳米级的活性炭硅藻土净水剂，可用于各种污水处理。

用同样方法也可以制造其他各种组合的纳米净水剂。

【产品应用】 本品主要应用于污水处理，也可用于制造生产纯净水的净水器。

【产品特性】 用本品方法生产的高效净水剂，由于其粒度达到分子、原子水平，其吸附面积特别巨大，吸附能力也特别强。可用于大面积污水的处理，也可用于制造生产纯净水的净水器。

实例28 高效净水剂(3)

【原料配比】

原料	配比(质量份)	
	1#	2#
水玻璃($m=3.2$)	120	100
工业浓硫酸(98%)	30+80	30+80
硫酸亚铁(90%)	980	1040
氯化钠(98%)	40	40
硫酸铝(98%)	80	80
双氧水	300	320
硫酸钠(98%)	40	—
水	400+220	600

【制备方法】

(1)在带有冷却装置的反应釜中加入水玻璃和2/3的水，搅拌混合均匀，再快速加入适量工业浓硫酸使溶液的pH值为0.5~1.5，于40~50℃下反应0.5h。

(2)向物料(1)中依次加入硫酸亚铁、氯化钠、硫酸铝和剩余的浓硫酸，缓缓滴加双氧水，在不高于60℃的温度下反应2h。

(3)将硫酸钠溶于剩余的水中，加入上述反应釜中，继续反应0.5h，室温下熟化24h即得产品。

【产品应用】 本品为环保水处理药剂，适用于污水处理及废水处理。

【产品特性】　本品在制备过程中,水玻璃在酸性条件下聚合成聚多硅酸,同时硅酸根又会插入聚合硫酸铁分子链中;在聚合硫酸铁的制备过程中,引入铝离子、氯离子和磷酸根离子参与共聚,对聚合硫酸铁进行改性,絮凝效果得到大幅度提高;引入铝离子形成多核长链结构;使活性硅酸与聚合硫酸铁复配、共聚,利用两者的协同作用,产生优异的净水效果。

本品产生的矾花大、絮体密实、沉降速度快,适用 pH 值范围广,无毒副作用,价格便宜,对高低浊度的水质都具有良好的净水效果。

实例29　高效净水剂(4)

【原料配比】

原　料	配比(质量份)		
	1#	2#	3#
三水铝石型铝土矿(细于 80 目,含 46% Al_2O_3,15% Fe_2O_3)	53	47	—
一水型铝土矿熟料粉(含 55% Al_2O_3,1.5% Fe_2O_3)	—	—	55
活性铝酸钙(粉料,含 50% Al_2O_3,30% CaO)	45	48	45
盐酸(31%)	80	80	80
硫酸(98%)	20	13	20
水	80	70	75

【制备方法】

(1)溶出:依次加入水、盐酸、硫酸、铝土矿粉料于带有搅拌器和有酸雾回收装置的耐酸反应罐或工业搪瓷反应罐中,开动搅拌、加热反应,控制罐内压力为 0 ~ 0.2MPa,温度 100 ~ 125℃,反应 1 ~ 2.5h 为宜。

(2)聚合:加入活性铝酸钙粉料,优选方法是先投加其配方计量的50% ~70%,同时补充水,控制反应物相对密度为1.21 ~1.26,温度、压力条件按溶出条件控制,聚合反应1.5 ~2h后,再加入其余活性铝酸钙粉料,并补充水,使反应物密度为1.21 ~1.25,温度60 ~100℃,在常压下再聚合反应2 ~4h,然后停止搅拌,切断热源。

(3)熟化分离:经4 ~10h自然熟化后,进行渣液分离,即得合格的液体产品(液相部分)。

(4)干燥:液体产品经滚筒干燥机烘干或喷雾干燥器干燥,即得合格的固体产品。

【原料配伍】　所述铝土矿可以是经过600 ~850℃焙烧的一水型铝土矿熟料,也可以是三水铝石型铝土矿生料;所述活性铝酸钙是由铝土矿粉料与氧化钙或碳酸钙粉料按高温水泥的配方烧结制成。

【产品应用】　本品主要用于生活用水、工业用水、工业废水(如造纸废水、印染漂染废水、啤酒废水等)的净化处理及石油行业的油水分离等。

【产品特性】　本品的高效净水剂聚硫氯化铁铝(PAFC - S)产品,是在高效净水剂聚硫氯化铝的基础上,又聚合了高效净水剂聚硫氯化铁,使本品集合了铝系和铁系多种无机高效净水剂的优点于一体。该产品不仅具有盐基度高、聚合度大、有效成分含量高的优势,而且克服了铁系高效净水剂的酸度高、腐蚀性大的缺点。该产品与复合聚氯化铝(PAFC)或聚硫氯化铝相比,具有投加量少,剩余浊度低,絮凝体大,沉降速度快,尤其是净化处理低温,低浊水仍有显著的效果。

实例30　高效净水剂(5)

【原料配比】

原　　料	配比(质量份)
氢氧化铝	20
三氯化铝	2
硫酸铝	4

续表

原　料	配比(质量份)
硫酸	2
盐酸	64
水	8

【制备方法】

(1)将原料一次全部投入附有加热器的反应器中,先投液体原料再投固体原料;当投入固体原料时即开启搅拌机,转速 60r/min,投料完后的转速为 20 ~ 30r/min,直到出料完停机。

(2)启动搅拌机时,即可启动加热器,控制在 60min 内将反应器中物料加热至 60℃以上,120min 加热至 80℃以上,但物料的反应温度不得超过 104℃。

(3)严格按照操作规定控制加热器与反应器的配合(在加热的温度时间内)通过观测器和操作阀调节好溢流和回流量、暴沸程度,在常压,(80 ± 2)℃范围内,聚合 60 ~ 90min,聚合温度不得高于 104℃,否则聚合分子将大量以至完全破坏。

(4)在聚合反应进行达一半的时间时,即可取样,取反应物 10 ~ 15mL 作外观检视,直至液达无色至淡黄色时,再用 pH 试纸测酸碱度,至 pH = 2.5 ~ 3 时,再继续反应 20 ~ 30min,即可停止加热。

(5)停止加热后,开启出料阀,将物料全部放入熟化分离装置中。

(6)按规定操纵熟化分离器,当物料降温至 40℃以下时,打开熟化分离器出口阀,即可得到合格产品(液相部分)。固相部分是酸不溶物(含湿),打开熟化分离器的另一出口即可排出。

【产品应用】　本品主要应用于饮用水净化、工业用净化、废水处理和石油原油的精制等,其他用途是作污泥脱水剂、印染脱色剂、铸造黏结剂以及作医药、化妆品的原料等。

【产品特性】　由于一步法生产的聚硫氯化铝较分步法的聚合质量与程度高,故一步法产品的相对密度为 1.16 时是足可与分步法所产的相对密度为 1.20 的产品的净水能力相同,换言之,一步法产品的

Al_2O_3含量指标作适当降低也可与分步法产品Al_2O_3含量达10%的产品具有同等的净化能力。

实例31　高性能净水剂

【原料配比】

原　料	配比（质量份）	
	1#	2#
铝酸钙粉（氧化铝含量为55%～60%）	66	78
铝灰（氧化铝含量为70%以上）	12	15
工业盐酸（33%）	88	96
丙烯酰胺	18	26
水	98	88

【制备方法】　将各组分混合均匀即可。

【产品应用】　本品主要应用于工业水净化。

【产品特性】　本品配方合理，净水效果好，生产成本低。

实例32　工业废水净水剂

【原料配比】

原　料	配比（质量份）	
	1#	2#
硫酸亚铁	62	68
工业盐酸	12	8
氯酸钠	6	5
碳酸钠	3	2
水	36	38
硅酸钠	5	1

【制备方法】 将各组分混合均匀即可。

【产品应用】 本品主要应用于工业废水的净化。

【产品特性】 本品配方合理，净水效果好，生产成本低。

实例 33　共混粉型氯钙过氧化物净水杀菌消毒剂

【原料配比】

原料		配比（质量份）	
		1#	2#
浓硫酸		15.8（体积份）	32（体积份）
硅藻土		15	18
氯盐	$NaClO_3$	32	30
	NaCl	18	15
	CaO	—	5

【制备方法】

（1）浓硫酸、硅藻土与氯盐分 3 ~ 7 层交叉叠放，中间用 CaO 干粉或硅藻土与砂石等填充物分隔，用生物降解塑料袋装或纸盒装，上、下各留有 2 ~ 6 个 2 ~ 3mm 的进水排气孔。

（2）硫硅是按 1：（0.2 ~ 0.5）的质量比将浓硫酸用硅藻土吸收，成松散固粉状并分为 2 ~ 3 层；氯盐由氯酸钠与氯化钠按 1：（0.35 ~ 0.7）的质量比混合而成，分为 2 ~ 4 层，用 CaO_2 干粉或硅藻土与沙石与硫硅分隔使互不接触而不发生反应。

（3）采用新鲜 CaO_2 悬浮液现场吸收 ClO_2，即制成被 ClO_2 所饱和的 CaO_2 粉。新鲜 CaO_2 悬浮液是将含 100g $CaCl_2$ 的冷却液，在搅拌下滴加到 600mL 6% H_2O_2 与 300mL 浓氨水所组成的 $H_2O_2-NH_3 \cdot H_2O$ 混合液中而制得的。

【产品应用】 本品主要应用于水质净化或用于仓储、医院和卫生间等处的杀菌消毒。

【产品特性】 本品使用时靠水的稀释混合，释放出过氧化氯而起到强力的净水杀菌消毒作用，也可置于仓储、卫生间依其缓释工艺而杀菌消毒，使用十分方便，对人体无任何致畸、致变和致癌的有害作用。

实例34 供氧净水剂

【原料配比】

原料	配比(质量份)	
	1#	2#
过氧化钙	18	12
硅酸钙	15	18
磷酸二氢钾	48	45
硫酸亚铁	3	2
抗坏血酸	12	19
滑石粉	4	3

【制备方法】 将各组分混合均匀即可。

【产品应用】 本品主要应用于水质净化。

【产品特性】 本品配方合理，净水效果好，生产成本低。

实例35 固体水处理剂

【原料配比】

原料	配比(质量份)		
	1#	2#	3#
磷酸	120	120	120
碳酸钙	10	20	4
氧化锌	—	—	8
碱性碳酸镁	10	—	—
二氧化硅	少量	少量	少量
碳酸钠	少量	少量	少量
烧碱	—	10	10

【制备方法】 （以1#配方为例）将磷酸、碳酸钙、碱性碳酸镁及二氧化硅和碳酸钠在反应釜内混合搅拌，进行中和反应，然后移入坩埚，在高温聚合炉中，于800～1000℃下进行聚合反应1～2h，出炉后迅速冷却并粉碎至10～30mm。

【原料配伍】 上述酸碱比其意义为：酸即指酸性氧化物，如磷酸。碱即指碱性氧化物，如碳酸钠，并包括了二氧化硅和氧化锌。所有酸性氧化物和所有碱性氧化物（包括二氧化硅、氧化锌）的质量配比为1.5：1。

【产品应用】 将本品浸渍在流水中，缓慢溶解，析出有效成分，防止金属的腐蚀和结垢。

本药剂在水质条件为：Cl^- 500mg/kg，SO_4^{2-} 500mg/kg，Ca^{2+} 250mg/kg（以$CaCO_3$计），Mg^{2+} 25mg/kg，pH＝8～8.5，水温50℃左右的水中使用，药剂在水中含量为6mg/kg（以PO_4^{3-}计）左右时，对碳钢的腐蚀率可控制在0.02～0.083mm/年。在水质条件为：Ca^{2+} 270mg/kg，HCO_3^- 270mg/kg（以$CaCO_3$计），水温70℃，pH＝8.5～9，对$CaCO_3$的阻垢率为92%～96%。本药剂在高浓度下（600～800mg/kg），可以用做预膜剂，其预膜效果良好。

【产品特性】 本品原料易得，配比科学，工艺简单，使用方便，不仅具有缓溶、缓蚀性能，同时具有良好的阻垢作用。

实例36　硅藻土净水剂（1）

【原料配比】

原　料	配比（质量份）
硅藻土	70～80
木质素	20～30

【制备方法】 将各组分混合均匀即可。

【产品应用】 本品主要应用于水质净化。用于处理废水时，其加入量为废水量的10%～15%。

【产品特性】 本品具有去污效果好、应用范围广、无二次污染、成本低等优点。本品硅藻土净水剂，不仅能用于生活污水等低浓度污水的处理，也能用于净化造纸中段的废水处理。

实例37　硅藻土净水剂(2)

【原料配比】

原　　料	配比(质量份)					
	1#	2#	3#	4#	5#	6#
硫酸铝	22	—	—	—	—	—
三氯化铁	—	13	—	—	—	—
聚合氯化铝	—	—	15	17	—	—
聚丙烯酰胺	—	—	—	—	3mg/kg	4mg/kg
中品位硅藻土粉	加至100	加至100	加至100	加至100	加至100	加至100

【制备方法】　将各组分混合均匀即可。

【产品应用】　本品为水处理剂，可有效去除城市污水、废水、湖泊水中的SS、COD、BOD、色素、重金属等。

【产品特性】　本品原料易得，配比科学，工艺简单，成本低；净化效率高，应用范围广，使用方便，经过处理的废水可循环使用或达标排放。

实例38　硅藻土净水剂(3)

【原料配比】

原　　料	配比(质量份)	
	1#	2#
硫酸铝	26	20
聚合氯化铝	17	12
硫酸亚铁	19	18
丙烯酰胺	11	6
硅藻土	66	50
碳酸钠	3	5

【制备方法】　将各组分混合即可。

【产品应用】　本品主要应用于水质净化。

【产品特性】　本品配方合理,净水效果好,生产成本低。

实例39　环保型净水剂

【原料配比】

原　料	配比(质量份)	
	1#	2#
水玻璃	80	60
浓硫酸	400	390
硫酸亚铁	480	760
氯化钠	66	57
碳酸镁	32	49
双氧水	278	260

【制备方法】　将各组分混合均匀即可。

【产品应用】　本品主要应用于水质净化。

【产品特性】　本品配方合理、净水效果好、生产成本低。

实例40　净水混凝剂

【原料配比】

原　料	配比(质量份)	
	1#	2#
工业盐酸(32%)	580	580
清水	348	348
磷酸	15	25
铝屑(Al_2O_3含量为87%)	150	200

【制备方法】 将浓度为32%的工业盐酸加水调合成浓度20%的盐酸盛于反应容器内；将磷酸混入盐酸；将铝屑分次投入酸中反应；反应温度保持在100～110℃，时间40min，后续反应保持温度不低于30℃；反应8h后滤得液剂，pH=3.0，用13%碳酸钠溶液将液剂pH值调至3.5，液剂相对密度1.17～1.2，Al_2O_3含量4.5%～7.1%，对含泥量为3000mg/L的混水，用量10mg/L可完成除浊处理。

（6）上述液剂经干燥后得淡黄灰色带光泽的结晶固体，其Al_2O_3含量为16%～18%，对含泥量为3000mg/L的混水，用量4.5mg/L即可完成除浊处理。

【产品应用】 本品主要应用于城市饮用水、工业污水的净化。

【产品特性】

（1）由于采用催化反应方法，使反应效率和聚合度大大提高，形成较大分子团，电荷量得以增大，分子链得以延长，它可在破坏水体中胶粒负电荷使其脱稳凝聚的同时实现高度的架桥吸附沉淀，可应用于铝盐和铁盐两大类无机净水混凝剂的生产制取。

（2）将传统净水剂生产方法中的部分工艺（如盐基度调整等）同催化反应法相结合，形成新的工艺流程，使生产工艺简便，产品成本较低。

（3）产品效能高，减少了净水剂用量，降低水处理费用，对水中杂质解稳、凝聚速度快，泥水分离能力强，绒体沉淀速度快，能获得满意的净化效果。

实例41 净水剂（1）

【原料配比】

原　料	配比（质量份）
七水合硫酸亚铁	4.28
硅酸钠	1.43

【制备方法】 将七水合硫酸亚铁和硅酸钠按比例混合均匀，即得净水剂。

【产品应用】 本品主要应用于印染废水、电镀废水的净水化。

【使用方法】 当处理印染废水时，在 pH 值为 9 ~ 10 时，加入 2% 的净水剂，对色度为 300 ~ 400，稀释倍数法废水去除率大于 90%，对 COD 为 300 ~ 400mg/L 的废水去除率大于 90%，对浊度为 200 的废水去除率大于 90%。

当处理电镀废水时，每升废水中加入 2g 净水剂，将废水的 pH 值调至 8 ~ 9，水质才能达到标准，透明度达 90% 以上，水中含铬离子达到排放标准。

【产品特性】 本品对印染废水、电镀废水有较好的治理效果，处理后，废水的透明度，水中含铬达到排放标准，具有使用方便，制作简便，成本低廉的特点。

实例 42　净水剂(2)

【原料配比】

原　料	配比(质量份)		
	1#	2#	3#
壳聚糖与活性炭(1:1)混合物	4	—	—
壳聚糖与活性炭(3:1)混合物	—	3	—
壳聚糖与活性炭(9:1)混合物	—	—	6
HAc 溶液(1%)	70mL	—	—
HAc 溶液(0.7%)	—	80mL	—
HAc 溶液(1.2%)	—	—	130mL
氢氧化钠(40%):乙醇	1:30	1:25	1:28

【制备方法】 先将壳聚糖与活性炭按比例混合，然后将混合物按 3 ~ 4g 壳聚糖对应 100mL 0.7% ~ 1.2% HAc 溶液的比例加入盐酸溶液中，经搅拌和充分溶解后，将混合溶液滴入由氢氧化钠和乙醇混

合液组成的碱性固化液中，逐滴加入的混合溶液在固化液中凝成小球状，用蒸馏水先洗涤小球后并在室温下风干，再在30～70℃的烘箱中连续烘干2～3h，得到壳聚糖和活性炭的颗粒状混合物。

【产品应用】 本品是一种能够吸附有机物的净水剂。

【产品特性】 本品以壳聚糖为基质材料，它是一种天然高分子聚合物，无毒、易生物降解，不会造成二次污染且资源丰富，它含有大量的羟基和氨基，可以通过氢键、共价键或配位键与有机分子牢固结合将其从水溶液中去除。壳聚糖不但能吸附一些低分子有机物，还能吸附一些高分子有机物，如蛋白质、氨基酸、核酸、脂肪酸等。本品将壳聚糖与活性炭结合在一起，克服了活性炭影响水的色度、不易过滤等缺点，具有高效、清洁、安全的特点。

实例43 净水剂(3)

【原料配比】

原料	配比(质量份)	
	1#	2#
硅藻土	1	1
硫酸铝	0.15	0.1
聚合氯化铁	0.03	0.05
水	1.5	1.5

【制备方法】 将上述各原料混合均匀即可。

【产品应用】 本品适用于各类生物难降解的水质的COD的去除，特别是针对垃圾渗滤液的水质处理。

【产品特性】 本品具有优良的沉降性能和吸附性能，设备要求简单，成本低廉，可以达到微滤和反渗透等昂贵的处理技术所达到的处理效果。本品的成功应用可为含高浓度腐殖酸等难降解有机物的处理节约大笔设备投资费用和运行成本。

实例44　净水剂(4)

【原料配比】

实例1# ~9#

原　　料	配比(质量份)								
	1#	**2#**	**3#**	**4#**	**5#**	**6#**	**7#**	**8#**	**9#**
聚合氯化铝	60	65	70	75	80	85	90	91	92
聚合氯化铁	10	8	8	7	6	4	2	3	3
聚丙烯酰胺	10	9	8	6	4	3	2	3	3
氯化镁	20	18	14	12	10	8	6	3	2

实例10# ~18#

原　　料	配比(质量份)								
	10#	**11#**	**12#**	**13#**	**14#**	**15#**	**16#**	**17#**	**18#**
聚合氯化铝	93	94	95	96	96	96	97	98	99
聚合氯化铁	3	2	1.5	1.4	1.3	1.2	0.5	0.1	0.1
聚丙烯酰胺	2	2	1.5	1.4	1.3	1.2	1.1	1	0.5
氯化镁	2	2	2	1.2	1.4	1.6	1.5	0.9	0.4

【制备方法】　将聚合氯化铝、聚合氯化铁、聚丙烯酰胺、氯化镁混合均匀后，在常温下搅拌5 ~50min，制成颗粒状物，后进行多元质量包装即可。

【产品应用】　本品适用于生活污水处理、生活杂用水处理、工业污水处理。

【产品特性】　本品的作用机理是投入水中溶解形成架桥黏合作用，絮凝颗粒大，絮凝团大而稳定，黏合吸附力强；本品工艺简单、作用时间短、用量少、沉降速度快，减少污水处理厂地运行费用开支，成本低，净化水质好，可以达到除饮用以外的回用水标准，节约水资源；易分解，无残毒，没有次生污染，为污水治理提供良好保障。

实例45　净水剂(5)

【原料配比】

原　料	配比(质量份)
碱式氯化铝	85
蚌壳(细粉)	10
丙烯酰胺	5

【制备方法】　将碱式氯化铝、蚌壳细粉和丙烯酰胺均匀混合,可获得净水剂。

【产品应用】　本品对普通浊水、含菌废水、含油及有机物废水均有优良净化作用。

【产品特性】　本品原料易得,工艺简单,成本较低,使用效果理想,净化率高,无残毒,符合环保要求。

实例46　聚合硫酸铁净水剂(1)

【原料配比】

原　料	配比(质量份)		
	1#	2#	3#
转炉红灰	100	100	100
硫酸	246	275	216

【制备方法】　取转炉红灰,加入500mL烧杯中,将烧杯置于装有冷却水的容器中,然后取稀释后的硫酸,一边搅拌红灰一边慢慢加入硫酸,当物料温度上升并有带酸味的气体产生时,应停止加入硫酸,待温度下降不再产生酸性气体时,再继续加入硫酸,硫酸分4~6次加入,反应温度控制在60~70℃,加入硫酸期间应不停地搅拌物料,以保证物料反应均匀,硫酸加完后,应继续搅拌10~15min,保证生成的物料呈疏松状态,反应完成后,将热物料取出放入另一容器中,保持12~15h,让其自然熟化、水解、聚合、干燥和冷却,得到灰白色的固体聚合

硫酸铁。

【产品应用】 本品主要应用于工业污水净化。

【产品特性】 本品铁系固体聚合硫酸铁净水剂一步法生产工艺，省略了过滤、蒸发、浓缩、干燥工艺步骤。因此，设备投资少，能源消耗低，又由于采用含铁废渣为原料，降低了生产成本。

实例47　聚合硫酸铁净水剂(2)

【原料配比】

原　　料	配比(质量份)
酸洗废液(Fe^{2+}含量为1%，H_2SO_4含量为19%)	394.7
硫酸亚铁(含量为90%)	606
氯酸钠	36.1

【制备方法】 将各组分混合搅拌速度为150r/min，反应温度为50℃，反应时间为25min，熟化时间为0，反应完成后流入液体产品槽，得到硫酸铁液体产品。

【产品应用】 本品主要应用于工业污水净化。

【产品特性】 由于本品采用氯酸钠直接氧化，不需通氧且反应是在常温常压下进行，因此对设备要求低，可使用敞口耐酸设备，同时简化了生产工艺和操作，耗能量低；本品采用氧化能力很强的氧化剂，反应速度快，大大缩短了PFS的生产周期，整个反应过程可在30min内完成；采用了钢厂的硫酸酸洗废液为原料，不但缓解了硫酸亚铁市场的紧张状况，而且实现了废物利用，变废为宝，降低生产成本，每吨产品成本可降低33%。本品反应过程中无废气、废水、废渣产生，因而对环境不产生污染；本品生产的PFS质量合格率为100%，Fe^{2+}转化率为100%。产品稳定性好，沉淀时间大于一年，完全满足储存和使用要求。

实例48 聚合氯化硫酸铁净水剂

【原料配比】

原料	配比(质量份)	
	1#	2#
硫酸亚铁(固体)	23	64
工业硫酸(93%)	23	7.8
次氯酸钠(有效氯为10%)	34	2.1
W_1 催化剂	5	—
W_2 催化剂	—	6.2
水	加至100	加至100

【制备方法】 将硫酸亚铁加入反应釜,并加入水,开启搅拌器,搅拌2~5min后,缓慢加入工业硫酸,然后加入次氯酸钠和催化剂,在充空气的条件下再搅拌1~2h,使物料在反应釜中聚合,然后静置熟化,过滤后即得成品。

【原料配伍】 所述催化剂为W自配聚合催化剂,有W_1和W_2两种。

【产品应用】 本品主要应用于工业污水净化。

【产品特性】

(1)混凝时间短,矾花大,沉降速度快。

(2)适用范围广,对低浊度或高浊度水质,有色废水,多种工业废水都有良好的净化作用,且污泥脱水性能好。

(3)在原水质pH值为5~12时均有良好混凝作用,pH值在8~12时效果最佳。

(4)对原水中悬浮物,化学需氧量有明显去除作用,对氧、酚、油类也有一定的去除能力,特别对高浓度含铁废水有较好的除铁效果。

(5)在相同条件下,使用聚合氯化硫酸铁比聚合氯化铝降低药剂费20%以上。

(6)用于生活给水处理时,比其他净水剂安全,即使因管理不善,投药过量也不会给人体带来危害。

实例49　聚合氯化铝净水剂

【原料配比】

原　料	配比(质量份)
高岭土原矿	200
自来水	200～240
六偏磷酸钠	0.036～0.050
草酸	0.060
保险粉	0.100
浓盐酸①	0.032
浓盐酸②	215～218
水①	240
水②	200

【制备方法】

(1)对高岭土原矿进行干燥处理:干燥温度为200℃,干燥时间2h。

(2)进行煅烧处理:煅烧温度600～750℃,煅烧后退火时间1～2h。

(3)称取高岭土原矿置于反应器具内,加自来水配成浆液。

(4)使用六偏磷酸钠进行分散处理,用草酸和浓盐酸①进行氧化除杂处理,用保险粉进行还原除杂处理,将其充分搅拌20min后过滤,再加入水①搅拌均匀呈浆状。

(5)再陈化处理2h,离心分离之后,向滤渣中加入水②、浓盐酸②,在反应容器中于85～95℃下反应3h。

(6)再一次离心处理反应物:滤液经浓缩一半后得液相净水剂或经喷雾干燥得到固相净水剂;滤渣则经二次除杂,离心处理及干燥后即为白炭黑。

【产品应用】　本品为水处理剂。

【产品特性】　铝的提取率可达95%；净水剂的平均粒度小于40nm；净水剂调整盐基度后优于国家标准；使用本品对水处理效果明显，平均用量减少40%，而污泥沉降速度提高50%以上；其副产品白炭黑为优质填料，充分实现了资源的综合利用；产品的制备方法简单，充分利用丰产的高岭土矿物，生产成本低。

实例50　聚合氯化铝铁复合净水剂

【原料配比】

原　料	配比(质量份)	
	1#	2#
煤矸石	5	5
工业废盐酸(24%)	3	3
清水	2	2
氯化钾	0.2	—
氯化钙	0.22	—
氯化钠	—	0.2

【制备方法】　将煤矸石加入反应釜，同时注入工业废盐酸，注入清水，加入氯化钾、氯化钙或氯化钠，并在反应釜内充分搅拌，将反应釜密闭，防止酸挥发。注入蒸汽进行加热，加热至100～110℃，反应2～3h。反应完毕后将物料冷却至70～80℃进行渣液分离。分离液进入另一反应釜，加入盐基度调整剂进行聚合调整，控制聚合反应的时间为1～2h，温度为90～100℃。聚合反应完成后冷却至70℃趁热进行渣液分离，分离液即液体产品，液体产品经过浓缩干燥后即为固体产品。

【产品应用】　本品主要应用于工业用水、工业废水、生活污水等的净化处理。

【产品特性】　本品不仅可大量消耗矿区附近堆积的煤矸石，从而释放大量土地，而且废渣堆积造成的环境生态问题也可迎刃而解，同时，由于以上述废渣为原料制备的净水剂生产成本低廉，具有很强的市场竞争力。矸石热电厂炉渣主要成分与煤矸石接近，而且在燃烧过程中煤研石已得到充分煅烧，矸石中部分三氧化二铝的活性已被激活，非常有利于氧化铝的析出，对提高三氧化二铝的渗出率非常有利，而且用该种原料生产可免去矸石煅烧活化的过程，可大大降低生产成本，因此利用电厂炉渣生产聚合氯化铝铁具有很好的发展前景。

实例51　聚合氯化铝铁净水剂

【原料配比】

原　　料	配比(质量份)		
	1#	2#	3#
循环流化床粉煤灰	100	100	100
盐酸(30%)	300(体积份)	—	—
盐酸(22.5%)	—	350(体积份)	—
盐酸(10%)	—	—	400(体积份)
氯化铝铁溶液	100(体积份)	100(体积份)	100(体积份)
铝酸钙粉	9	12	15

【制备方法】

(1)连续酸溶：将循环流化床粉煤灰置于带冷凝回流装置的耐酸反应釜中，加入浓度为10%～30%的盐酸，盐酸和循环流化床粉煤灰的加入量比值为2～4mL/g，加热并搅拌，溶出温度100℃，溶出时间0.5～2h，反应结束后，将物料排出经沉降槽过滤分离，得到氯化铝铁溶液。

（2）盐基度调整：经渣液分离后的氯化铝铁清液送入反应釜中，反应温度为85℃，加入铝酸钙粉调整盐基度，铝酸钙粉的质量与氯化铝铁溶液的体积比值为0.09～0.21g/mL，经搅拌、过滤，滤液直接可作为净水剂的液体产品，经干燥得到固体产品。

【产品应用】　本品为水处理剂。

【产品特性】　本品原料易得，工艺过程简单，生产成本低，产品净水效果好，实现了对固体废弃物的回收利用，解决了粉煤灰污染问题。

实例52　聚合氯化铁净水剂

【原料配比】

原料	配比（质量份）			
	1#	2#	3#	4#
盐酸溶液（浓度为20%）	220	—	—	—
盐酸溶液（浓度为15%）	—	500	—	—
盐酸溶液（浓度为35%）	—	—	330	—
盐酸溶液（浓度为25%）	—	—	—	100
氢氧化铁污泥（Fe^{3+}质量分数为25%）	100	—	—	—
氢氧化铁污泥（Fe^{3+}质量分数为35%）	—	100	—	—
氢氧化铁污泥（Fe^{3+}质量分数为40%）	—	—	100	—
氢氧化铁污泥（Fe^{3+}质量分数为45%）	—	—	—	100

【制备方法】

（1）物料投配：将浓度为15%～35%的盐酸溶液投入配备酸雾回收净化系统的耐酸的反应池，利用蒸汽将盐酸溶液加热至35～95℃，在搅拌条件下连续加入氢氧化铁污泥。

（2）强制酸溶聚合反应：在80～110℃下保温，在50～350r/min的搅拌条件下进行聚合反应3～6h。

（3）静置熟化：静置熟化24～72h，得到液体聚合氯化铁净水剂。

【产品应用】　本品主要应用于自来水厂河水净化处理，城市污水处理厂综合污水混凝沉淀预处理，可以显著降低水质的浊度、色度、悬浮物、溶解性有机物 COD_{Cr}。

【产品特性】

（1）本品利用钢铁酸洗厂清洗水碱中和压滤脱水后的氢氧化铁污泥和盐酸溶液为生产原料；氢氧化铁污泥为帮助钢铁酸洗厂处理固体废物的项目，因此可以收取钢铁酸洗厂一定量服务费，即制备聚合氯化铁净水剂铁原料不仅不用花钱还可以收费，降低了药剂制造成本，也节省废水处理及污泥脱水用药剂成本，并有利于聚合氯化铁净水剂的推广应用。

（2）利用氢氧化铁污泥中铁制备聚合氯化铁净水剂，为氢氧化铁污泥处置提供了新的工艺技术，属于废物再利用，真正实现了变废为宝的目的，实现钢材厂废物资源化及综合循环利用，有利于更好地推进清洁生产。

（3）本品所用原料只含有微量的亚铁离子，因此无须添加价格昂贵的催化氧化剂将亚铁离子氧化为高价铁离子，再次节省了产品制造成本。

（4）本品的聚合促进剂即为氢氧化铁污泥。

（5）本品工艺简单，操作简单，通过控制好物料配比即可在同一个耐酸反应池中完成酸溶聚合反应，制备混凝絮凝性能优良的聚合氯化铁净水剂。

（6）氢氧化铁污泥活性高，主要成分为氢氧化铁及水，能够99.9%溶出，因此酸溶聚合反应后溶液无须压滤工艺，经静置熟化调整含量即得成品。

实例53　聚合双酸铝铁净水剂

【原料配比】

原　　料		配比（质量份）
A料	硫酸亚铁溶液（含量28%～32%）	10
	偏硅酸钠溶液（含量25%～30%）	10
	工业硫酸（浓度≥95%）	50

续表

原料		配比(质量份)
B 料	铝酸钙粉(含量 16% ~35%)	400
	铁铝氧石(含量 16% ~20%)	300
	盐酸(28% ~31%)	700
漂白粉(65%)		30
二氧化氯(消杀级)		30
絮凝剂氯		150
氢		4.6

【制备方法】

(1)A 料备用液制备:先将硫酸加入反应釜,然后将偏硅酸钠和硫酸亚铁,先后分别徐徐加入洁净反应釜,经慢速顺向搅拌后,静置 0.5h,再经过滤除杂,制成 A 料。

(2)B 料备用液制备:先将盐酸加入洁净反应釜,然后将铝酸钙和铁铝氧石粉,分别先后徐徐加入反应釜,经慢速顺向搅拌后,静置合成反应 1h,再经过滤除杂,制成 B 料。

(3)将 A 料和 B 料,分别先后加入第三个反应釜或者将 A 料加入 B 料反应釜,再分别加入辅料二氧化氯和漂白粉,经慢速顺时针搅拌后,静置合成反应 1h。

(4)在加入辅料二氧化氯和漂白粉后,做取样测试。在其 Al_2O_3 含量和 Fe_2O_3 含量以及 pH 值的指导下,加入絮凝剂氯和氢,即制得聚合双酸铝铁净水剂。

【产品应用】 本品主要应用于污水净化处理。

【产品特性】

(1)制备工艺简易,全程能耗低、无三废排放,合成反应后的过滤余料可循环回用。

(2)本品集铝盐系列净水剂和铁盐系列净水剂优点于一体,复合共聚,增效互补,有效成分含量高,盐基度和聚合度大,水处理投加量比例低，净水效果好，是一种高效、快速、无毒、安全的无机高分子净水剂。

(3)本品无腐蚀性，无须对处理设备作防腐处理，使用安全，且不易吸湿，包装和储运方便。

(4)本品由于含有二氧化氯和漂白粉，可显著降低被处理水的COD含量和水体色度。

实例54　聚合有机硫酸铝絮凝剂

【原料配比】

原　　料	配比(质量份)	
	1#	2#
工业纯硫酸铝	250	200
铝酸钠	50	40
无水碳酸钠	2	2

【制备方法】

(1)先将硫酸铝配成40%～50%的水溶液，铝酸钠配成50%～65%的水溶液，无水碳酸钠配成10%～14%的水溶液，而阴离子改性淀粉(如羧甲基淀粉)配成0.1%～0.2%的水溶液。

(2)将上述铝酸钠水溶液、碳酸钠水溶液、阴离子改性淀粉水溶液混合，在混合时，通过控制调整反应体系中所投入的阴离子改性淀粉溶液的体积，使其混合液中的阴离子改性淀粉和铝元素间的最终质量比在0.0001～0.01。

(3)在大于或等于1000r/min的快速搅拌下，将铝酸钠、碳酸钠和阴离子改性淀粉的混合液缓慢地滴加到硫酸铝的水溶液中，再继续搅拌30～60min，最后在水浴中升温到40～65℃，恒温熟化30～120min，冷却至室温并储存待用。

【产品应用】　本品适用于饮用水、工业用水和废水处理等水处理领域和环境工程领域。

【产品特性】　本品制备过程无污染，产品性质稳定，絮凝效果好，具有效率高、经济、处理水中残铝量低的优点。

本产品中的 Al_2O_3 含量为 6% ~12%，盐基度为 40% ~65%，其外观为黄色或棕褐色透明或半透明液体，pH 值为 3 ~4.5，相对密度为 1.2 ~1.4。

实例 55　聚铝硫酸铁型复合净水剂

【原料配比】

原　料	配比（质量份）
$Al_2(SO_4)_3 \cdot 18H_2O$ 和 $FeSO_4 \cdot 7H_2O$（摩尔比 3∶7）	104
水	200（体积份）
浓 H_2SO_4	8（体积份）
H_3PO_4	2（体积份）
H_2O_2（30%）	100（体积份）
磷酸（WDK）稳定剂	适量

【制备方法】　将 $Al_2(SO_4)_3 18H_2O$ 和 $FeSO_4 \cdot 7H_2O$ 溶于水中，加入浓 H_2SO_4 和 H_3PO_4，在搅拌和常温条件下缓慢加入 30% 的 H_2O_2 和磷酸（WDK）稳定剂，进行氧化反应，H_2O_2 的加入速度为 4h，加完 100mL 为限，反应结束后，在 70℃ 下熟化 4h，即得到红褐色的液体 PAFS，再经干燥可得 PAFS 固体产品。

【产品应用】　本品主要应用于污水处理。

【产品特性】　本品净水剂综合铁、铝聚合物的特点，提高净水效率。该净水剂【制备方法】包括溶解、氧化和聚合过程，工艺简单，反应温度低，产品适用范围广，较有推广价值。

实例56　聚铁铝盐硅硼酸净水剂

【原料配比】

原　　料	配比(质量份)						
	1#	2#	3#	4#	5#	6#	7#
硫酸铁铝	1	2	3	2.5	—	—	—
盐酸铁铝	—	—	—	—	1	2	3
活性硅酸	2	4	3	4	2	4	2
硼酸	0.15	0.18	0.2	0.15	0.15	0.18	0.2

【制备方法】　将上述各组分混合即可。

【产品应用】　本品尤其适合石油开采中使用。

【产品特性】　本品利用铁铝盐与活性硅酸羟基缩合原理加入硼酸作稳定剂,使之形成高分子、高电荷密度的带状聚合物,通过架桥吸附的机理使污水净化。

采用本净水剂聚合后硅分子量大、链长,富含铁离子、铝离子,电荷密度高;另外,采用本品处理污水,需要的净水剂用量小,在除污过程中额外产生的污泥少,避免了二次污染。

实例57　快速高效多功能净水剂

【原料配比】

原　　料	配比(质量份)
水	99
干黑黏土粉(90 目)	100
合成盐酸	83
次氯酸钠	1

【制备方法】　将黑黏土烘干后送入烧结窑,温度在 600 ~ 900℃,

烧结 6 ~ 8h 后磨碎(90 目),先将水倒入反应釜内,再将黑黏土粉倒入,然后加入合成盐酸和次氯酸钠,搅拌 3min,封闭自然反应 1h,过滤后将灰褐色液体净水剂 pH 值调节至 2 ~ 4,即得快速高效多功能净水剂成品。

将提取成品液后的废渣进行水洗,洗后的水进入下一轮原料配制反应使用,废渣排放渣场。

上述快速高效多功能净水剂经干燥后呈粒状或粉状,即得固体快速高效多功能净水剂。

【产品应用】　本品主要应用于污水处理。

【产品特性】　本品以黑黏土为原料,生产成本低,原料取之不尽,工艺简单,便于操作,常温常压,节能省电,不产生二次污染,生产效率高;处理任何污水效果优于其他水处理产品。

实例 58　硫酸型复合净水剂

【原料配比】

原　　料	配比(质量份)
硫酸铝	25
硫酸镁	65
硫酸锌	10

【制备方法】　将三种原料分别粉碎至颗粒直径为 1mm,按配比机械混合均匀后即可。

【产品应用】　本品主要应用于废水净化处理。

【使用方法】　首先将本品用水稀释至在水中含量为 2% ~ 5% 的水剂,然后将稀释过的水剂净化剂按每吨添加 0.2% ~ 0.8% 的量后,搅拌至充分反应,再加入聚丙烯酰胺,再搅拌至充分反应,放入沉降池中沉降 30 ~ 60min,沉降物废弃处理,清水即可重复使用。

【产品特性】　本品配方科学合理,生产工艺简单,使用效果可靠,克服了现有净化剂覆盖面窄、适用范围小、功能单一等不足,是需求广泛的废水净化产品。

实例59　络合净水剂(1)

【原料配比】

原料		配比(质量份)
O型	硫酸铝	15
	硫酸亚铁	1
	硫酸	0.5
	水	加至100
K型	氢氧化钠	20
	亚硫酸钠	15
	次氯酸钠	0.5
	水	加至100
C型	亚硫酸钠	0.5
	非离子型聚丙烯酰胺	1
	水	加至100

【制备方法】　将各组分混合均匀即可。

【产品应用】　本品广泛适用于江河湖泊高低浊废水，电镀、印染、造纸、屠宰、皮革、洗煤、喷涂、化工、冶金等各种工业废水以及城市生活污水的处理。

【使用方法】　依次向待处理的废水加入O型、K型和C型药剂，充分搅拌后，即迅速开始沉降，3～5min即能清澈见底。依待处理废水的性质不同，O型、K型和C型药剂的加入量也不同，一般为O型0.1～0.3kg/t，K型0.1～0.3kg/t，C型0.05～0.15kg/t，其加入的总量为0.5kg/t。

【产品特性】　本品原料易得，配比科学，工艺简单，使用方便，效果理想，处理费用低，尤其适用于各中小企业工业污水的处理。

实例60 络合净水剂(2)

【原料配比】

原料	配比(质量份)	
	1#	2#
氢氧化钠	25	28
亚硫酸钠	20	18
次氯酸钠	3	1
硫酸铝	3	1
水	48	56

【制备方法】 将各组分混合均匀即可。

【产品应用】 本品主要应用于工业水的净化。

【产品特性】 本品配方合理,净水效果好,生产成本低。

实例61 铝铁复合净水剂

【原料配比】

原料	配比(质量份)		
	1#	2#	3#
含铁废酸溶液(废含铁盐酸,含酸量>8%)	70	35	15
氢氧化铝污泥	30	65	84

【制备方法】 取含铁废酸溶液(废含铁盐酸或废含铁硫酸,含酸量>8%)加入反应池,逐步加入氢氧化铝污泥,在常温下搅拌反应,反应 pH 值为 2.5~3.0,使氢氧化铝污泥反应溶解,生成液体复合铝铁净水剂;经沉淀后,上层清液即为液体复合铝铁净水剂成品。

【产品应用】 本品主要应用于废水处理。

【产品特性】 本品通过废含铁硫酸、废含铁盐酸与氢氧化铝污泥反应生成液体复合铝铁净水剂,用于废水处理,达到废物综合利用的目的;将废含铁硫酸或废含铁盐酸、氢氧化铝污泥回收利用,变废为宝,不易形成二次污染,有利于环境保护,不浪费土地资源;可降低成本,无须增加生产设备,制造工艺简单,液体铝铁复合净水剂经过多家污水处理厂使用,完全达到处理要求。

实例62　煤泥净水剂

【原料配比】

原　　料	配比(质量份)
煤泥	250
废酸(废硫酸或废盐酸)	80
水处理助剂	1
水	869

【制备方法】　将煤泥用泵打回反应容器中,再加入废酸,再加入水处理助剂和水,搅拌后反应 1 ~2h 后,即可作用。

【产品应用】　本品主要应用于工业水的处理。

【产品特性】

(1)本品的净水剂所用原料为洗煤厂和化工厂的废弃物,是环保和节能的产品,它能以废治废,变废为宝,使企业产业链密闭循环,提高企业的经济效益。

(2)本品的净水剂不消耗传统的原料铁盐和铝盐矿产资源,是资源节约型产品,所用的酸是工业废酸,是废弃物的再生利用,在生产过程中无二次污染。

实例63　纳米超高效净水剂(1)

【原料配比】

原　　料	配比(质量份)
硅基氧化物纳米粉体	5
聚氯化铝	50
TXY 高分子絮凝剂	30
三氯异氰尿酸	15

【制备方法】

(1)取 TXY 高分子絮凝剂、聚氯化铝、三氯异氰尿酸分别经粉碎机粉碎至过 100 目筛,然后将三种粉状物料投入双螺旋搅拌机中搅拌混合 1h,得混合物。

(2)将步骤(1)所得混合物送至气流粉碎机中细粉至过 325 目筛,得超微粉混合物。

(3)将步骤(2)所得超微粉混合物和纳米氧化物(如由二氧化硅粉碎得到的硅基氧化物粉体)一次性投入双螺旋搅拌机中搅拌混合 2 ~ 3h,即可制得产品。

【原料配伍】 纳米级氧化物是指粒度为 25 ~ 100nm 的二氧化硅、三氧化二铝、氧化锆、氧化铈四种原料中的一种或一种以上的混合物。

【产品应用】 本品适用于污水治理和水处理。

【使用方法】 将本品配成溶液按常规方式滴加至被处理水中。

【产品特性】 本品原料易得,配比科学,工艺简单;由于药剂中加入的纳米氧化物有很大的比表面积,其表面呈高能量状态,使药剂改性、活性提高,反应速度加快,药效得到超常规发挥,比同类产品效果提高 50 倍以上,杀菌消毒效果优异,由此使投药量减少,水处理成本降低,无二次污染,且设备投资少、工程占地面积小,运行费用可降低 30% ~ 40%。

实例 64 纳米超高效净水剂(2)

【原料配比】

原料	配比(质量份)			
	1#	2#	3#	4#
纳米级氧化物	1	10	1	10
聚合硫酸铁	80	10	—	—
聚氯化铝	—	—	60	10
三氯化铁	14	70	34	60

续表

原　料	配比(质量份)			
	1#	2#	3#	4#
硫酸亚铁	5	10	—	—
硫酸铝	—	—	5	20

【制备方法】 将聚合硫酸铁(或聚氯化铝)、三氯化铁、硫酸亚铁(或硫酸铝)分别经粉碎机粉碎至过100目筛,然后将三者按配比混合(如投入双螺旋搅拌器中混合1h)而得到其混合物,再将该混合物粉碎至过325目筛(可使用气流粉碎机进行)而成超微粉混合物;将纳米级氧化物(如由二氧化硅制得的硅基氧化物)和所述超微粉混合物按配比一次投入双螺旋搅拌器中混合2~3h,即得净水剂。

【原料配伍】 所述纳米级氧化物是指粒度为25~100nm的二氧化硅、氧化锆、三氧化二铝、氧化铈诸种原料中的一种或一种以上的混合物。

【使用方法】 将本品溶于水中而成为溶液,将所述溶液按常规滴加方式加至被处理水中。

本品将纳米级氧化物粉体用于药剂中,由于纳米级粉体的比表面积大,其表面能量高,使药剂改性,即极大地提高了药剂的活性,使其在水处理中反应速度加快,反应非常充分,从而导致药剂利用率高、相对用药量大大降低;所述其他组分的配合使用,使药剂处理综合废水(如城市废水)的性能显著增强;而适当调整药剂组分的比例,又可处理不同污染物的废水。

【产品应用】 本品主要应用于废水处理。

【产品特性】 本品为纳米超高效净水剂,用于废水处理中同现有技术相比的特点包括:设备投资少,可节省投资50%,流程短、占地面积可减少50%,药物投放量小,最大用量为1吨废水用药0.15kg,运行中药剂费用每吨废水不超过0.20元,可节省运行费用40%;对废水水质变化较大,净化效果好而稳定,排放指标始终符合规定标准,适应范围广,尤其在pH值变化大的情况下也能应用。

实例65 纳米净水剂

【原料配比】

原料		配比(质量份)		
		1#	2#	3#
A剂	阴离子型聚丙烯酰胺	80~98	—	—
	阳离子型聚丙烯酰胺	—	75~98	—
	非离子型聚丙烯酰胺	—	—	85~98
	可溶性壳聚糖	2~20	2~25	2~15
B剂	纳米粒子活性炭	80~90	80~90	80~90
	纳米 TiO_2	1~3	1~3	1~3
	阴离子型聚丙烯酰胺	9~17	—	—
	阳离子型聚丙烯酰胺	—	9~17	—
	非离子型聚丙烯酰胺	—	—	9~17

【制备方法】 将各组分混合均匀即可。

【产品应用】 本品主要应用于各类工业与生活污水的净化处理。

【使用方法】 使用时,可根据需要处理的水质情况灵活确定A剂和B剂的加入量。

【产品特性】 本品是一种中和能力、搭桥能力、渗透能力、吸附能力强的新型水处理药剂,可使污水净化处理效果好、速度快、用量少。

实例66 膨润土复合净水剂

【原料配比】

原料	配比(质量份)
钠基膨润土	71
硫酸亚铁(工业级)	19
硫酸镁	10

【制备方法】

（1）先将67～68份硫酸稀释至浓度为20%～33%，然后将稀硫酸通入反应器内，在不断搅拌的情况下缓慢加入32～33份氧化镁粉，反应20～40min，生成硫酸镁。将反应生成的硫酸镁结晶送入干燥室内烘干，干燥至含表面水分为5%～10%。

（2）将钠基膨润土、工业级硫酸亚铁和硫酸镁按配比混合送入粉碎机械，粉碎至细度为80目，将粉碎后的物料通过震筛（80目）筛选，即为净水剂。

【产品应用】　本品主要应用于处理印染废水。

【产品特性】

（1）本品生产工艺流程简单，操作方便，设备投资少，占地面积小，整个生产过程不产生三废污染。

（2）采用本品制备的净水剂应用范围广，它适用于处理各种印染废水，尤其对用目前最常用的碱式氯化铝（PAC）所难以处理的含阳离子染料和活性染料废水来说，更有特效。它不仅用量较少，而且具有脱色能力强，COD去除率及S^{2-}（二价硫）去除率都较高。

实例67　漂染污水处理净水剂

【原料配比】

原　料	配比（质量份）
硫酸亚铁	60
酸水	5
酸泥	5
硫酸铝	10
聚丙烯酰胺	1
氢氧化钙	20

【制备方法】　取硫酸亚铁、酸水、酸泥、硫酸铝加水搅拌均匀，罐

装备用，在处理污水时再投入聚丙烯酰胺、氢氧化钙。

【产品应用】 本品主要应用于漂染污水的处理。

【产品特性】 本品具有成本低，污水处理达到国家标准，处理后的水回收利用，节约水资源。

实例68 破乳净水处理剂

【原料配比】

原料	配比（质量份）		
	1#	2#	3#
含硅破乳剂	12	15	18
聚醚破乳剂（AE型）	20	35	45
聚醚破乳剂（SP型）	56	38	30
丙烯酸	10	10	6
引发剂BPO	2	2	1
二甲苯	适量	适量	适量

【制备方法】

（1）将含硅破乳剂、AE型聚醚破乳剂、SP型聚醚破乳剂加入反应釜中。

（2）按步骤（1）中三种破乳剂质量1∶1的比例加入二甲苯，升温至130℃。

（3）边搅拌反应釜中的物质，边匀速滴加按质量配比的丙烯酸和引发剂BPO，30～35min完成，恒温反应6h。

（4）待反应充分后，降温至40℃以下放料，即得成品。

【产品应用】 本品主要应用于油田水处理。

【使用方法】 在使用本品时，其添加量根据采出液的性质而定，一般为30～100mg/L。室内实验结果通过测定脱水率、水中含油量，现场应用效果通过在采出液中加入本品破乳净水处理剂处理后，根据液体的水中含油和油中含水变化来判定。

【产品特性】 本品具有破乳、聚结－絮凝、吸附－顶替作用，加入高含油、含聚合物采出液中，可实现油净、水清，加快油水分离速度，提高脱水效率。

实例69　破乳净水一体化处理剂

【原料配比】

原　　料	配比（质量份）		
	1#	2#	3#
聚醚破乳剂（TA型）	10	15	20
聚醚破乳剂（AE型）	18	33	40
聚酰破乳剂（SP型）	60	40	34
丙烯酸	10	10	5
引发剂BPO	2	2	1
二甲苯	适量	适量	适量

【制备方法】 将TA型聚醚破乳剂、AE型聚醚破乳剂、SP型聚醚破乳剂按质量配比加入反应釜中；再按三种破乳剂以质量1∶1的比例加入二甲苯；升温至120℃；边搅拌反应釜中的物质，边匀速滴加丙烯酸和引发剂BPO，于25～35min完成，最佳完成时间为30min；然后恒温反应4h；待反应充分后，降温至40℃以下放料，即得成品。

【产品应用】 本品适用于污水含油高于1000mg/L的轻质油和稠油区块的采出液处理。

【产品特性】 本品破乳净水一体化处理剂，具有破乳、聚结—絮凝、吸附—顶替作用，加入高含油、含聚合物采出液中，可实现油净、水清，可以使原油热化学脱水及污水处理过程中不需要再投加破乳剂和絮凝净水剂，达到一剂两用的功效。

实例 70 强效脱色去污净水剂

【原料配比】

原料	配比(质量份)			
	1#	2#	3#	4#
三聚氰胺	250	250	250	250
硫酸铝	10	10	10	10
氯化铵	200	200	200	200
甲醛	200	200	200	200
尿素	100	100	100	100
可溶性淀粉水溶液(30%)	100	—	—	—
可溶性淀粉水溶液(20%)	—	100	—	—
可溶性淀粉水溶液(60%)	—	—	100	100
阳离子聚丙烯酰胺水溶液(4%)	50	—	—	—
阳离子聚丙烯酰胺水溶液(1%)	—	10	—	—
阳离子聚丙烯酰胺水溶液(6%)	—	—	50	—

【制备方法】 在装有搅拌机及恒温控制的反应釜里先加入三聚氰胺、硫酸铝、总量1/2的氯化铵、总量1/2的甲醛，搅拌溶解后，控制反应温度为(70±1)℃，恒温反应1h(进行第一次聚合反应)；再加入尿素、总量1/2的氯化铵、总量1/2的甲醛，控制反应温度为(90±5)℃，恒温反应3h(进行第二次聚合反应)；再加入可溶性淀粉水溶液和阳离子聚丙烯酰胺水溶液，恒温(70±5)℃反应30min进行第三次聚合反应，冷却至室温即得成品。

【产品应用】 本品主要应用于印染废水处理。

【使用方法】 本品稀释20倍后使用。

【产品特性】

(1)本品的染料废水强效脱色去污净水剂是以三聚氰胺和甲醛等为主要原料，以硫酸铝和氯化铵为催化剂并引入添加剂进行三步聚合而合成的阳离子型多元共聚有机絮凝剂，其原料易得、价格低廉、制备简单。

（2）本品的染料废水强效脱色去污净水剂用于处理染料废水具有絮凝沉降速度快，污泥量少，操作简便，处理成本低等优点。经试验使用，处理后染料废水的色度<5，COD_{Cr}为70～85mg/L，符合国家排放标准，并可以在印染工艺中达到回收利用水的目的。

实例71　深度净水剂

【原料配比】

原　　料	配比（质量份）	
	1#	2#
壳聚糖	12	18
沸石粉	16	12
麦饭石	26	18
不锈钢分子筛	2	5
抗坏血酸	15	10

【制备方法】　将各组分混合均匀即可。

【产品应用】　本品主要应用于水质净化。

【产品特性】　本品配方合理，净水效果好，生产成本低。

实例72　生活污水净水剂

【原料配比】

原　　料	配比（质量份）	
	1#	2#
硫酸	6	8
盐酸	28	26
铁氧石	8	6
氯化钙	5	8

【制备方法】　将各组分混合均匀即可。

【产品应用】　本品主要应用于生活污水净化。

【产品特性】　本品配方合理，净水效果好，生产成本低。

实例 73　水处理助剂

【原料配比】

原　料	配比(质量份)			
	1#	2#	3#	4#
氧化钙	20	80	80	80
羧甲基纤维素	30	10	30	10
海藻酸	50	50	50	10

【制备方法】　将各组分混合均匀即可。

【产品应用】　本品用作水处理中的助凝剂。

将本品按照水处理助剂：净水剂 =1：3 的比例，配成水处理剂。

将本品按照水处理助剂：固体净水剂 =1：2 的比例，配成水处理剂。

【产品特性】

(1)本助凝剂不包含传统净水物质铝离子和铁离子，杜绝了铝和铁的人为污染，使用本品后，水中的铝离子含量可降低 1/3 以上，铁离子含量可降低 0.1mg/L，使我国的饮用水接近国际饮用水的水平，有利于人体健康和生活的改善。

(2)本品加工工艺简单，工艺条件容易控制，质量稳定，可长时间储存。并且产品中不含积聚性致毒危害物质聚丙烯酰胺和单体的丙烯酰胺，有效避免了对人体健康的伤害。

(3)本品的主要成分是钙，钙离子可以创造良好的反应条件，当产品投入水中时，铝盐和铁盐会逐渐分解，产生氢离子，不需要额外投加碱，减少或避免二次污染。

实例74　铁铝共聚净水剂

【原料配比】

原　　料	配比(质量份)
盐酸溶液(30%～32%)	500
水	500
铁粉(氧化铁含量>80%)	150
铝酸钙粉(含铝酸钙>55%～58%)	300

【制备方法】　先将盐酸溶液加入反应池，于搅拌的同时加入铁粉，反应物温度达到30～40℃时加入铝酸钙粉，当反应物温度达到100℃开始聚合时，继续搅拌反应10～30min，停止搅拌，反应物静置沉淀20～60min后，滤去沉淀，即得成品。

【产品应用】　本品可广泛用于城市生活饮用水源、工业用水、城市污水、市政建设排放及各种工业废水的净化处理，尤其适用于低温低浊度水的净化处理。

【产品特性】　本品生产工艺简单，易于操作，直接利用氧化铁和铝酸钙与盐酸作用放热来完成聚合反应，完全可以代替目前的蒸汽加热来加速反应的完成，无须使用反应釜及蒸汽加热，生产周期短，无须另外加热，简化了操作，降低了成本。

本品各项指标均达到国家规定标准，且一次混凝达标率为100%，对源水的色度、混浊度、肉眼可见物等都有显著的净化作用。通过本品净化的生活饮用水达到国家规定的各项卫生指标，不会给人体带来危害。

实例75　铁系聚合净水剂

【原料配比】

原　　料	配比(质量份)
母液	15～18
氯化亚铁液	74～79
次氯酸钠	5～8

【制备方法】

(1)双氧水氧化法:双氧水(H_2O_2)含量大于30%,比例1:1,无色澄清;硫酸亚铁液,pH<1,硫酸亚铁($FeSO_4$)含量180~220g/L,不含氯化铁、酚、偏钛酸等杂质,可以用工业硫酸与球墨铸钢(铁)屑反应制得,为降低产品成本也可用硫酸酸洗液经沉淀后的深绿色清液代替。将上述制得的硫酸亚铁移入另一反应器内,剩下的球墨铸铁(钢)屑留作下次反应使用。边搅拌边徐徐加入工业氨水,直至溶液为铅白色或墨绿色糊状,测pH值为8~9时,停止加入氨水,使溶液:双氧水(以30%浓度计)=(40~50):1(体积比),把定量双氧水迅速加入上述制备的糊状液,反应迅速,得到棕色或红棕色液体,成为所需母液。

(2)三氯化铁液法:磷铁皮,可用带钢等经热处理后脱落的铁屑。盐酸、工业级、无其他杂质;氨水,工业级,无其他杂质。浓硫酸,工业级,大于90%浓度。在搪瓷或陶瓷反应器内,将磷铁皮投入盐酸中,反应得到金黄色或亮黄色的三氯化铁液。盐酸和磷铁皮的量可以控制三氯化铁溶液中含$FeCl_3$120~160g/L为好,将制得的三氯化铁液移入另一反应器内,所剩磷铁皮供下次反应使用。边搅拌边徐徐加入氨水,直至溶液呈棕褐色或红棕色沉淀,测得pH值为3时,停止加入氨水,片刻后加清水洗,静置沉淀,倾去上层清液,剩余棕色或红棕色絮状物,滴加入硫酸,使剩余物:硫酸(以大于90%浓度计)=(25~30):1(体积比),反应迅速,得到绿褐色或绿黄色液体,成为所需母液。

(3)铁系聚合净水剂的制备:原料要求:母液,由上述两种方法中的任一种制备,不宜久置,尽量现配现用。次氯酸钠,有效氯大于5%,无色澄清液,氯化亚铁液,$FeCl_2$含量100~140g/L,HCl含量30~40g/L,不含酚、磷酸、硫酸亚铁等成分,用盐酸作钢材酸洗废液,经沉淀后的上层深绿色清液或用铁屑和工业盐酸反应制得。在搪瓷或陶瓷反应器内,按配比先加入定量母液,再加入定量次氯酸钠和氯化亚铁液,反应迅速,得到棕黑色或棕褐色溶液,静置2~3h,即可成为产品。反应器内出现的土黄色或红棕红沉淀物可留作下次母液使用,只需补充其不足。

【产品应用】　本品主要应用于制草、印染、染料、食品及城市生活污水的处理。

【产品特性】　本品生产的铁系聚合净水剂是一种无机阳离子凝聚剂，外观为棕黑色或棕褐色液体，pH 值为 0.5 ~ 1.5，相对密度 1.1 ~ 1.3，总铁含量大于 50g/L，其中三价铁离子含量在 25g/L 左右，凝聚能力与市售凝聚剂碱式氯化铝（PAC）、聚合硫酸铁（PFS）相仿，但价格便宜，能在 pH 值为 4 ~ 11 的范围内应用，投药量在 1 ~ 10mg/L，对污水中的悬浮物，COD 的去除率一般在 60% 以上，净化后的水质不泛黄，污泥脱水容易，产品储存三个月不变质。

实例 76　吸附有机物的净水剂

【原料配比】

原　　料	配比（质量份）	
	1#	2#
壳聚糖	6	3
活性炭	6	4
醋酸（1%）	85	95
氢氧化钠（40%）	5	3
乙醇	30	48
硅酸钠	4	8

【制备方法】　将各组分混合均匀即可。

【产品应用】　本品主要应用于污水的净化处理。

【产品特性】　本品配方合理，净水效果好，生产成本低。

实例77 消毒净水剂

【原料配比】

原料	配比（质量份）	
	1#	2#
双氧水溶液	220	260
焦磷酸二氢钠	3	2
乙二胺四乙酸二铵	2	1
无水硫酸钠	360	380
抗坏血酸	5	3
聚乙烯醇	3	3

【制备方法】 将各组分混合均匀即可。

【产品应用】 本品主要应用于水质的净化。

【产品特性】 本品配方合理，净水效果好，生产成本低。

实例78 新型净水剂

【原料配比】

原料	配比（质量份）	
	1#	2#
硅藻土	12	16
硫酸铝	3	5
聚合氯化铁	1	0.6
丙烯酰胺	5	6
水	27	26

【制备方法】 将各组分混合均匀即可。

【产品应用】 本品主要应用于水质净化。

【产品特性】　本品配方合理，净水效果好，生产成本低。

实例79　造纸污水净水剂

【原料配比】

原　料	配比（质量份）		
	1#	2#	3#
膨润土	3	5	4
铝矾土	2	4	3
高岭土	1	3	2
硅藻土	1	2	1.5
压滤成的固体	5	7	6
沸石粉（100 目）	4	—	—
沸石粉（200 目）	—	5	—
沸石粉（300 目）	—	—	4
酸溶液（15%）	混合物质量的 1%	—	—
酸溶液（5%）	—	混合物质量的 3%	—
酸溶液（10%）	—	—	混合物质量的 2%

【制备方法】

（1）将膨润土、铝矾土、高岭土、硅藻土混合后水洗，按混合土与水 1～1.5∶1 的比例进行水洗。

（2）将水洗后的上层乳浆压滤成固体，取压滤后的固体与沸石粉混合，在混合物中加入酸溶液搅拌均匀，在 40～60℃ 的温度下放置 16～24h。

（3）将经放置 16～24h 的混合物进行水洗至 pH 值为 5～8。

(4)干燥、粉碎、包装即为本品。

【产品应用】 本品主要应用于造纸污水处理。每吨造纸污水添加0.5‰~1.5‰。一般浓度污水不需要添加辅助剂,使用后造纸污水很快会出现分层,沉淀快。由于造纸尾水中的纤维、填料被吸附、聚凝沉淀,尾水的SS值大大降低,对COD有明显分解作用。本品可吸附尾水的臭味,使尾水达到国家1~2级排放标准。此外,沉渣中的纸纤维占沉渣体积的70%以上,可按一定比例加入纸浆中继续造纸,节约造纸原材料,无二次污染。

【产品特性】 本品吸附性、聚凝性极强,最小使用比例为0.5‰,使用量少,污水处理成本低。净水效果明显,聚凝、沉淀速度快,污水处理彻底,尾水可循环利用。

实例80 液体净水剂

【原料配比】

原料		配比(质量份)				
		1#	2#	3#	4#	5#
A剂	硫酸铝	20	15	12	22	28
	聚合氯化铝	30	35	39	31	16
B剂	聚丙烯酰胺	2	1	1.5	3	3.6
	水玻璃	5	6	4.5	3	6.3

【制备方法】 将各组分混合均匀即可。

【产品应用】 本品能净化多种不同种类的污水,可用于自来水厂的水源净化处理,也可用于对化工厂、印染厂、屠宰厂、铸造厂、造纸厂及生活污水的水质净化。

【使用方法】 按污水量的0.5‰取A剂和B剂各一份,分两次分别将A剂和B剂投入污水中,搅拌均匀即可。

【产品特性】

(1)产品为液体状态,可直接加入污水中立刻起到作用,净水速度快。

(2)产品中含有多种净水化合物,可与污水发生速凝反应,结成大块颗粒而沉降于水底,使水立即从上到下变成透明体。适用范围广,特别对高污染度的污水净化效果显著。

(3)净化污水所需费用低廉,可使净化污水成本下降1~15倍。

(4)制备工艺简单,密封生产,无毒害,无污染。

实例81　用硫酸厂渣尘生产铁铝复合净水剂

【原料配比】

原　料	配比(质量份)
硫酸厂渣尘(三氧化二铁含量为57%,三氧化二铝含量为4%)	1000
盐酸(33%)	2630
水	1000
氯酸钠	0.45

【制备方法】　硫酸厂渣尘经过破碎机破碎,放入反应釜,工业盐酸用耐酸泵从储槽打入酸高位槽,再由高位槽定量流入反应釜,然后加入定量水,并通入蒸汽加热,最后加入氯酸钠,反应时间为1h,反应温度为(92±5)℃,完全后,产物经板框过滤流入产品槽,残渣排入储槽。

【产品应用】　本品主要应用于污水处理。

【产品特性】　本品与以渣尘为原料生产聚合硫酸铁净水剂方法相比,它能够将渣尘中的有效成分三氧化二铁和三氧化二铝几乎全部溶解,大大减少了废渣,其产品也克服了聚合硫酸铁净水剂的脱色能力差、腐蚀性大的缺点。本品与以其他生产铁铝复合净水剂方法相比,工艺简单、产品成本低,一般生产成本可降低2/3左右。

本品采用氯酸钠为氧化剂,可使产品中的二价铁含量小于0.1%,不产生NO、NO_2等有害气体。

第二章　水处理剂

实例1　多功能水处理剂

【原料配比】

原料		配比(质量份)		
		1#	2#	3#
A	N,N-双(膦酰基甲基)天冬氨酸(BPMA)	100	100	100
B	HPA	26.67	13.33	—
	SSMAC	—	13.33	—
	PBTCA	—	—	18.75
C	$ZnCl_2$	6.67	6.67	6.25

【制备方法】　将各组分混合均匀即可。

【注意事项】　B可以是1-羟基-1-膦酰基乙酸(HPA)、2-膦酸丁烷-1,2,4-三羧基(PBTCA)、磺化苯乙烯-马来酸酐二元共聚物(SSMAC)中的一种或多种物质。

磺化苯乙烯-马来酸酐二元共聚物优选的分子量为2000~5000。

C是指锌盐,可以是$ZnCl_2$或$ZnSO_4 \cdot 7H_2O$,优选$ZnCl_2$。

【产品应用】　本品是能够对循环冷却水系统设备同时进行清洗、预膜、阻垢、缓蚀的多功能水处理剂。

【产品特性】　本品原料易得,配比科学,工艺简单,过程容易控制;产品使用方便,只需一次加药,只需一种加药设备,能够精确计算加药量,既可避免浪费,又能达到理想的处理效果,市场前景广阔。

实例2　多功能污水处理剂

【原料配比】

原料		配比（质量份）		
		1#	2#	3#
有机醇	丁醇	1	—	—
	丙三醇	—	2	—
	季戊四醇	—	—	1
有机胺	三甲胺	30	—	—
	三乙胺	—	240	—
	吡啶	—	—	150
催化剂四氯化锡		1（体积份）	2（体积份）	1（体积份）
环氧氯丙烷		100	400	150

【制备方法】　将有机醇加入催化剂四氯化锡后加热搅拌，再加入环氧氯丙烷和有机胺在反应器中进行反应，反应温度为20～160℃，反应时间为5～24h，即得聚醚型有机胺盐产品。

【产品应用】　本品广泛用于污水处理浮选净化、杀菌、脱色和缓蚀。

本品适用于pH值为4～10的范围。

【产品特性】　本品原料易得，配比科学，工艺简单；水溶性好，各组分具有协同效应，处理效果理想，可提高设备的使用寿命，并且处理成本低，符合环保要求。

实例3　复合水处理剂(1)

【原料配比】

原料	配比（质量份）
多元醇磷酸酯	274
无机磷酸盐	86
丙烯酸—丙烯酸酯—顺丁烯二酸酐共聚物	360

续表

原　料	配比(质量份)
木质素磺酸钠	97
水	183
十四烷基二甲基苄基氯化铵或氯锭	适量
锌盐	适量

【制备方法】 在常温常压下将多元醇磷酸酯、无机磷酸盐、丙烯酸—丙烯酸酯—顺丁烯二酸酐共聚物、木质素磺酸钠分别由入口输送到反应釜中,开动搅拌器,边投料边搅拌,投料完毕后,补足所需水量,继续搅拌20~30min,搅拌停止后开启复合液出口,将制好的复合液装入成品罐中加以密封。当实际使用时,把适量工业纯的杀菌灭藻剂十四烷基二甲基苄基氯化铵或氯锭和适量锌盐加入已制得的复合液中稍作搅拌,即得本品。

【注意事项】 本品原料中的多元醇磷酸酯是一种混合型有机缓蚀阻垢剂,对生物黏泥、氧化铁垢、锌盐铜盐等有分散和稳定在水中的能力。

丙烯酸—丙烯酸酯—顺丁烯二酸酐共聚物也可用丙烯酸-丙烯酸羟丙酯共聚物取代,是良好的阻垢分散剂,对阻磷酸钙垢、氧化铁垢、锌盐沉积有特效。

木质素磺酸钠是水溶性的多功能高分子电解质,具有分散生物黏泥、氧化铁垢、磷酸钙垢的能力,又能与锌离子、钙离子生成稳定的络合物。

十四烷基二甲基苄基氯化铵是一种高效低毒广谱的杀菌灭藻剂,同时对生物黏泥有分散阻垢作用。氯锭是一种固体杀菌灭藻剂。锌盐在偏酸性水质下会显著提高聚磷酸盐的缓蚀效果,可以适度地减少聚磷酸盐的用量。

【产品应用】 本品可用于工业循环冷却水系统,防止循环冷却水碳钢换热器管壁产生锈瘤和点蚀,广泛适用于任何材质的换热设备的循环冷却水处理,也适用于中央空调冷却、冷冻水的运行处理。

【产品特性】　本品克服了现有同类产品的缺陷，解决了磷酸盐垢沉积、生物黏泥沉积、氧化铁垢沉积和锌盐沉积问题，避免了锈瘤和点蚀的产生，有效保护碳钢换热器，延长冷换设备的使用寿命。

本品提高了冷换设备的传热效率，降低动力设备的负荷，节电节水性能明显提高而且适用范围广。

实例4　复合水处理剂(2)

【原料配比】

原　　料	配比（质量份）		
	正常处理水处理剂	预膜处理水处理剂	
	1#	2#	3#
聚天冬氨酸	0.004	0.100	0.100
钨酸盐	0.010	0.200	0.200
柠檬酸钠	0.036	0.350	0.350
苯并三氮唑	0.001	0.005	0.005
锌盐	0.002	0.003	0.003
水	加至1000	加至1000	加至1000

【制备方法】　将以上各种物料按比例置于水中，搅拌混合均匀即可得成品。

【产品应用】　本品可用于工矿企业的冷却设备和各宾馆和大楼空调的冷却水处理。使用时先将予膜处理剂投入水中，预膜处理48h左右，然后稀释转移至正常处理浓度，并加以维持。

【产品特性】　本品原料广泛易得，生产成本较低；具有优良的缓蚀与阻垢效果，浓缩倍率为2.5倍时，碳钢的缓蚀率可达98.27%，水中碳酸钙的阻垢率可达95.67%；原料中不含磷，不易产生富营养化，可防止“赤潮”公害，有利于环境保护。

实例5 复合水处理剂(3)

【原料配比】

原料	配比(质量份)			
	1#	2#	3#	4#
沸石	20	25	30	35
伊利石	50	40	30	40
海泡石	30	35	40	25

【制备方法】 将沸石、伊利石和海泡石混合,在温度为150~300℃的条件下研磨至200~400目后搅拌均匀即可制得成品。

【产品应用】 本品可广泛用于各种水处理工程项目。

【产品特性】

(1)完全由纯天然物质经复合改性而成,水处理效果好。

(2)保持了自然特性,靠吸附、电荷原理、离子交换等功能去除水体中的污染物,可反复再生,长期循环使用,无毒、无害、无污染、无衍生物,有利于环境保护。

(3)应用范围广,处理负荷大,用量少,水处理成本低。

实例6 复合水处理剂(4)

【原料配比】

原料		配比(质量份)			
		1#	2#	3#	4#
膦羧酸共聚化合物		5	3	3	7
钼酸盐	钼酸钠	5	5	3	5
稀土元素的盐	硝酸铈	1	—	—	—
	硝酸镧	—	0.5	—	1
	硝酸镨	—	—	1.5	—

续表

原料		配比(质量份)			
		1#	2#	3#	4#
锌盐	$ZnSO_4 \cdot H_2O$	1	1	—	—
	$ZnSO_4 \cdot 7H_2O$	—	—	1	—
	氯化锌	—	—	—	1
铜缓蚀剂	苯并三氮唑(BTA)	3	3	3	—
	甲基苯并三氮唑(TTA)	—	—	—	3

【制备方法】　本品的制备方法为常规的物理混合方法。

【注意事项】　本品膦羧酸共聚化合物是由丙烯酸系列单体与次膦酸或其盐合成的共聚化合物,它兼具聚羧类化合物的良好阻垢性能和含磷有机缓蚀剂的缓蚀性能,能很好地分散水系统中氢氧化铁、氢氧化锌等垢,特别对高氯、高浓度、高 pH 值条件水质更为有效。

钼酸盐可为任何含有钼酸根离子的化合物,优选钼酸铵或钼酸钠。

稀土元素优选自镧系元素,如铈、镧及镨等;其盐可为任何含有上述稀土元素离子的化合物,优选其硝酸盐。

铜缓蚀剂是指能在铜表面形成保护膜,从而有效防止铜材料腐蚀的物质。可以是氮唑类物质,如苯并三氮唑(BTA)、巯基苯并噻唑(MBT)或其钠盐以及甲基苯并三氮唑(TTA)或其混合物等,优选苯并三氮唑。当工业循环冷却水系统中不含铜质零部件时,铜缓蚀剂的用量可为零。

锌盐是指任何含锌离子的化合物,可以选自氯化锌、硫酸锌及其水合物,如一水或七水合硫酸锌等。锌盐是一种阴极型缓蚀剂,能在水介质的金属表面快速地成膜,与金属表面的阴极区产生的 OH^- 快速形成氢氧化锌沉淀物,抑制阴极反应,而且与膦羧酸共聚化合物复配能使锌盐稳定,增大使用 pH 临界值。

【产品应用】　本品适用于工业循环冷却水系统。

【使用方法】 将本品置于100万份水中,搅拌混合均匀即可。

【产品特性】

(1)含磷量低(一般可控制含磷量<1mg/L),无毒,对环境无污染,是环境友好型水处理剂。

(2)防腐阻垢性能极佳,特别适用于高硬、高碱、高pH值、高悬浮物的“四高”苛刻水质条件,具有卓越的高温阻垢性能及稳锌的能力,在水中对氯气或氯制剂以及Fe^{3+}的耐受力优于一般膦酸盐。

(3)提高锌盐的稳定性,与锌盐复配增效明显。

(4)所使用的稀土元素属低毒物质,对人畜无害,对环境无污染,并且对于开发稀土元素在水处理中的应用范围具有积极的意义。

实例7　工业水处理剂

【原料配比】

原　料	配比(质量份)			
	1#	2#	3#	4#
水	35	30	30	40
2-膦酸丁烷-1,2,4-三羧酸	45	43	40	50
葡萄糖酸锌	45	50	40	50
改性磺化木质素	15	13	10	20
苯并三氮唑	1	1	1	2
酒精	2	2	2	5

【制备方法】

(1)将水置于反应釜内,依次缓缓加入2-膦酸丁烷-1,2,4-三羧酸、葡萄糖酸锌、改性磺化木质素,搅拌,混匀。

(2)向步骤(1)所得物料中加入已溶解苯并三氮唑的酒精溶液,继续搅拌。

(3)在连续搅拌的条件下,将反应釜温控调至65~85℃(优选

70℃ ±2℃),恒温1.5~3.5h(优选2h),即得水处理剂产品。

所述改性磺化木质素可以由造纸黑液(即制浆造纸厂排放的无用的黑液)制得,具体的制备方法如下:

(1)在造纸黑液中加入少量聚铁(质量比2000∶1),加酸调节pH值为3~4,控制温度60~70℃,黑液絮凝分层、过滤后,滤饼恒温烘干,研碎,即得到木质素。

(2)取买到的或上述步骤制得的木质素和亚硫酸钠,其中木质素∶亚硫酸钠=4∶3,再加入质量分数为10%的氢氧化钠使木质素溶解,调节pH值为7~8,置于反应器,控制温度60~70℃,反应4h,冷却,取出,离心分离,即得改性磺化木质素。

【产品应用】 本品适用于化工、电力、冶金和油气田的敞开式循环冷却水系统以抑制冷却水结垢及水对金属设备的腐蚀。

【产品特性】

(1)加入循环水系统后能有效起到缓蚀、阻垢和抑制藻类生长的效果,对工业循环冷却水系统起到了良好的保护作用。

(2)整个生产过程无"三废"排放,并解决了制浆造纸厂的黑液污染问题。

(3)处理工艺简单、用药量少、效果好,水处理成本低。

(4)制备工艺是一个清洁化、环境友好工艺,具有很好的经济效益和社会效益。

实例8　锅炉水处理剂(1)

【原料配比】

原料	配比(质量份)				
	1#	2#	3#	4#	5#
有机膦酸盐	40	40	20	10	10
聚羧酸盐	25	—	—	10	10
有机淤渣调节剂	20	适量	40	30	5
有机除氧剂	5	适量	—	20	20

续表

原　　料	配比(质量份)				
	1#	2#	3#	4#	5#
水	10	5	适量	30	25
磷酸三钠	—	5	—	—	30
催化亚硫酸盐	—	—	适量	—	—

【制备方法】　将以上各原料按比例复配即可得到成品。

【注意事项】　本品有机膦酸盐可以是:羟基亚乙基二膦酸(HEDP)及其碱金属盐或胺盐,丙二膦酸盐,芳基氯亚甲基二膦酸盐,膦酸基琥珀酸,氨基三亚甲基膦酸(ATMP),乙二胺四亚甲基膦酸(EDTMP),三亚乙基二胺四亚甲基膦酸(TEDTMP),三亚乙基四胺六亚甲基膦酸(TETDHMP),二亚乙基三胺五亚甲基膦酸(DETPMP)、二亚乙基三甲胺五亚甲基膦酸等膦酸盐及其衍生物其中的一种,也可以是其中的两种或两种以上的混合物,热稳定性好,不易水解。

聚羧酸盐可以是低分子量的聚马来酸酐或其酸、聚富马酸、聚甲基丙烯酸、聚丙烯酰胺等聚合物,或者是其二元聚合物和或多元共聚物,与有机膦酸盐复配,有良好的协同效应和溶限效应。

有机淤渣调节剂可以是聚丙烯酰胺,聚马来酸酐或其聚合物,聚甲基丙烯酸或其盐,聚丙烯酸或其盐及其多元共聚物等类似的聚合物,有良好的吸附分散能力,能使成垢物质形成高度流动性的泥浆,随锅炉排污排出。

有机除氧剂,是一种肟类物质,如甲醛肟、乙醛肟、丙醛肟、丙酮肟、丁二酮肟等,易溶于水,可以使给水中的含氧量接近零,避免水中水溶解氧的腐蚀。

【产品应用】　本品适用于各种类型的原水、软水热水锅炉和蒸汽锅炉的给水处理。

【产品特性】　本品性能优良,同时具有缓蚀、阻垢和除氧的功能,对 Ca^{2+}、Mg^{2+} 等离子和其他成垢物质均有良好效果;工艺流程简单,不需要增加设备,便于操作,费用低,适用范围广。

实例9　锅炉水处理剂(2)

【原料配比】

原　　料	配比(质量份)
氢氧化钠	3.2
磷酸二氢钠	1.6
羟基亚乙基二磷酸	16
环己胺	6
联胺	4.8
腐殖酸钠	0.4
亚硫酸钠	2
磷酸三钠	2.4
去离子水	63.6

【制备方法】　将各组分溶于水中，混合均匀，过滤，即得成品。

【产品应用】　本品为锅炉系统水处理剂。

【产品特性】　本品在较广的温度范围和压力范围内都能保持高效性，针对不同情况下水垢的成型机理，选用多种针对性强效果好的阻垢剂科学地组合在一起，能有效地破坏水垢的晶格规序，使水垢疏松脱落成粉末状，或把水垢均匀地分散在水中成胶状，或把成垢离子螯合成螯合物。通过多种方式防垢，还能把锅炉内原有的少量垢溶解去除。

实例10　锅炉水处理剂(3)

【原料配比】

原　　料	配比(质量份)
聚环氧琥珀酸	30～40
羟基亚乙基二磷酸	10～20
联胺	4～6

续表

原　料	配比(质量份)
亚硫酸钠	1～2
磷酸三钠	1～3
去离子水	加至100

【制备方法】 向去离子水中依次加入聚环氧琥珀酸、羟基亚乙基二磷酸、联胺、亚硫酸钠、磷酸三钠，混合均匀，并且可适当过滤以去除多余杂质，浓缩结晶为固体成品。

【产品应用】 本品不仅适用于锅炉水的处理，还可进一步用作工业冷却水处理、废水处理、海水淡化等的阻垢缓蚀剂。

【使用方法】 可将本品直接加入锅炉水中，或者在水中溶解后再加入锅炉水中。

本品的适用 pH 值为 4～9。在水中的浓度为 30～500mg/L，如可采用 50mg/L、100mg/L、150mg/L、200mg/L 的浓度，所述浓度根据锅炉系统的状况而定。

【产品特性】 本品工艺简单，原料易得，配比科学，其中加入了一种环保的聚环氧琥珀酸，是可降解的材料，将其作为本品的主剂，大大减少了水处理剂中的磷含量、氮含量，使产品具有更好的使用效果，可解决高碱高固水质的阻垢问题，并具有缓蚀的功效。

实例 11　锅炉水处理剂(4)

【原料配比】

原　料	配比(质量份)		
	1#	2#	3#
马来酸酐	490	490	490
过氧化氢	490	400	250
水	170	260	400

【制备方法】　将马来酸酐加热熔化，控制反应温度在 90 ~ 140℃，然后在不断搅拌的情况下滴加过氧化氢，滴加时间以 5h 左右为宜，加完之后，保温在 105℃ 左右维持反应约 2h，然后加水稀释，降温即得成品。

【产品应用】　本品可用于锅炉水、冷却水、油田水的处理。

【产品特性】　本品原料价廉易得，工艺流程简单，设备投资小，生产时间短，生产成本低；不含有毒的有机溶剂，安全性高，不污染环境。

实例 12　强效锅炉水处理剂

【原料配比】

原　料	配比（质量份）
磺酰胺	40
甲酸	15
环己胺	20
亚硫酸钠	14
磷酸三钠	11

【制备方法】　将各组分混合均匀即可。

【产品应用】　本品用于防止锅炉结垢和腐蚀。

【使用方法】　本品按系统保有水量计，一次投加量为 100 ~ 800mg/L。使用本品进行处理时，pH 值控制在 4 ~ 7，清洗时间为 24 ~ 60h。

【产品特性】　本品的使用和存放都十分方便安全。配方中以磺酰胺为主剂，其对金属的腐蚀性比一般无机酸均小。甲酸有很强的氧化金属溶解能力，而且可针对多种氧化金属发挥作用，并且腐蚀性小，效果好。各组分经复合配制后，可以互相补足，发挥最大的作用。

在使用本品后，可使锅炉中水质保持清澈洁净，降低了锅炉的腐蚀作用，而且大大降低了锅炉的能耗。本品配制简单，适用 pH 值范围较宽，处理时间短，并且在常温下也可进行处理。

实例13 多功能水处理剂

【原料配比】

原　　料	配比(质量份)
碳酸钠	100
腐殖酸钠	100
六偏磷酸钠	25
水合肼	25
羟基亚乙基二磷酸	5
乙二胺四乙酸	2
105 净洗剂	1
栲胶(淀粉)	10
水	加至1000

【制备方法】

(1)将栲胶或淀粉用热水溶化开备用。

(2)用热水将碳酸钠溶解,完全溶解后加入六偏磷酸钠和乙二胺四乙酸、羟基亚乙基二磷酸,搅拌至全部溶解。

(3)将步骤(2)所得物料边搅拌边加入腐殖酸钠,至完全溶解后再加入水合肼、步骤(1)所得物料(1)、105 净洗剂,全部加完后搅拌均匀即为成品。

【产品应用】 本品可广泛用于蒸汽锅炉、暖水炉、暖气片、暖气管道、汽车水箱、家庭土暖气、石油化工医药、橡胶等设备的清洗、除垢、阻垢。

【产品特性】

(1)生产工艺简单,原料易得,成本低,效益高,无毒、无味、无腐蚀,除垢、阻垢效果好。

(2)本品为多功能、综合性强的水处理剂,在除垢剂阻垢剂的基础上加入了渗透剂、除氧剂、悬浮剂、软水剂。在清洗锅炉时无须停炉停产,在正常运行时即可将炉内所积的钙、镁、硅、铁垢清洗掉,在清洗完锅炉时,在炉壁上能形成一层很薄的保护膜,永不增厚,不影响导热,很光滑,水杂质无法亲合上,达到防垢、防锈、防腐蚀的目的。

实例14　环保型复合水处理剂

【原料配比】

原　　料	配比(质量份)	
	1#	2#
聚天冬氨酸	0.004	0.1
ECH 稀土材料	0.001	0.005
钼酸钠	0.010	0.200
苯并三氮唑	0.001	0.005
硫酸锌	0.002	0.003
去离子水	加至1000	加至1000

【制备方法】　本品的制备方法为常规的物理混合方法,将各种物料按比例置于水中,搅拌混合均匀即可。

【产品应用】　本品为工业循环水处理剂。

使用方法　先将预膜剂投入水中,预膜处理48h左右,然后稀释转移至正常处理浓度,并加以维持。

【产品特性】

(1)不含磷,不易导致水体的富营养化,造成菌藻繁殖和环境污染。

(2)具有优良的缓蚀与阻垢效果,可以分散水中黏土颗粒、$CaCO_3$、$CaSO_4$、$BaSO_4$、Fe_2O_3、TiO_2、$Zn(OH)_2$、$Ca_3(PO_4)_2$、$Mg(OH)_2$、Mn_2O_3等沉淀物并可阻垢。

(3)主剂聚天冬氨酸为无毒无公害的水处理药剂,且在水中可生物降解,不会造成二次污染。

(4)ECH 稀土材料的加入极大地提高了配方的协同效应,并且使配方适用于高温、高碱、高氯根及高 pH 值的“四高”水质。

(5)钼酸盐与聚天冬氨酸协同作用十分明显,与钨酸盐相比较,钼酸盐无毒、对环境的污染很小,且处理时所需的浓度较小。

(6)钼酸盐在水中与钢材质作用,形成具有保护作用的亚铁—高铁—钼铬合氧化物,对钢铁具有优异的腐蚀抑制作用。

实例15 环保型无磷水处理剂

【原料配比】

原料	配比(质量份)
钨酸钠	50
丙烯酸—丙烯酸酯共聚物(分子量为5000)	30
聚丙烯磺酸盐(分子量为1500)	10
苯并三氮唑	10

【制备方法】 将上述各组分在30~80℃的条件下搅拌均匀,即得成品。

【产品应用】 本品适用于工业循环冷却水系统。

【使用方法】 在冷却水系统中,每吨水中投加1500~2500g本品,循环运行8~48h后,将水排尽,然后再以200~500g水处理剂/吨水的比例加入本品,将冷却水系统转入正常运行。

【产品特性】 本品原料易得,工艺简单,性能优良,使用方便,可同时解决腐蚀和结垢的问题,且对环境无污染,对人体无毒害。

实例16 缓蚀阻垢水处理剂

【原料配比】

原料	配比(质量份)		
	1#	2#	3#
碱(30%)	2	2	2
苯并三氮唑	0.88	0.9	1
去离子水	18	18	20
丙烯酸—丙烯酸酯共聚物	26	30	28

续表

原　料	配比(质量份)		
	1#	2#	3#
磺酸共聚物	13	15	14
聚环氧琥珀酸	6.5	7.5	7
羟基亚乙基二膦酸	10	12	12
2-膦酸基丁烷-1,2,4-三羧酸	15	16	16
氯化锌	4	3.8	3.6

【制备方法】

(1)用碱液溶解苯并三氮唑,碱液的浓度范围是25%~30%,碱的用量范围是苯并三氮唑的1.8~2.2倍。

(2)向釜内加入去离子水,开始搅拌,向釜内加丙烯酸—丙烯酸酯共聚物、磺酸共聚物、聚环氧琥珀酸,再加入羟基亚乙基二膦酸,升温至40~70℃,边升温边搅拌,搅拌时间是10~30min。

(3)向釜内加入已配制好的苯并三氮唑溶液,搅拌均匀。

(4)向釜内加入2-膦酸基丁烷-1,2,4-三羧酸和锌盐(先将锌盐投入PBTCA中充分溶解,再将所得溶液加入釜内),搅拌均匀;在40~70℃下继续搅拌20~40min。

(5)冷却至常温后出料,计量、包装,即为成品。

【产品应用】　本品为工业水处理剂,阻垢率高于95%。

【产品特性】　本品原料易得,配比科学,工艺简单,使用方便,现在操作容易,费用相对较低,缓蚀阻垢效果显著。

实例17　碱性复合水处理剂

【原料配比】

原　料	配比(质量份)
碳酸锌	10
羟基亚乙基二膦酸	50~150

续表

原　　料	配比(质量份)
羟基亚乙基二膦酸钾钠	150
氨基三亚甲基膦酸钾钠	150
聚硅酸钾钠	400
水溶性腐殖酸钠	250

【制备方法】 首先将上述原料分别放入反应釜内进行合成,然后经过滤器滤除杂质,最后将滤液包装即成。具体如下:

(1)准确称取优质碳酸锌,放入带搅拌器的耐酸反应釜内,在搅拌下缓慢滴加羟基亚乙基二膦酸,进行合成,生成羟基亚乙基二膦酸锌盐,至泡沫停止发生时为准,然后用碳酸钠饱和水溶液将釜内反应物的 pH 值调节至 8.5,备用。

(2)在搅拌下分别向反应釜内注入羟基亚乙基二膦酸钾钠、氨基三亚甲基膦酸钾钠、聚硅酸钾钠和水溶性腐殖酸钠。

(3)将上述反应产物用过滤器滤除机械杂质,滤液即为成品。

【产品应用】 本品用于循环供热、循环冷却系统设备的防垢、防锈蚀、防水藻、防丢水,广泛适用于采暖锅炉、油田、输油管网以及石油化工、炼钢、制药、热处理油浴、汽车水箱、空压机、自备电站柴油发电动机组等的循环冷却水系统。

【产品特性】

(1)原料易得,配比科学,工艺简单,综合性能优良,市场前景广阔。

(2)本品提供的阴极成膜剂是聚硅酸盐,聚硅酸根的分子量是偏硅酸根的几倍乃至十几倍,成膜后的膜层密度明显提高,提高了阻碍膜层内侧铁离子向水中游动的能力,防蚀效果明显提高。

(3)本品含有可以在阴极区成膜的锌离子,当锌离子游至阴极区金属表面时,遇到从阳极区流动过来的自由电子,则锌离子吸收电子后变成锌原子而沉积在阴极区钢材表面,这种元素的电极电位比铁低,因而对后继的自由电子有一种斥力,防止自由电子通过膜层向水中的溶解氧输送，控制了腐蚀电池现象的发生和发展。

(4)本品采用聚硅酸盐而非硅酸盐，聚硅酸盐与钙、镁离子生成的沉淀比硅酸盐大，而且聚硅酸盐本身又是絮凝剂，可让沉淀物凝聚成更大的粒子，易于沉降和排出。

(5)本品除了采用氨基三亚甲基膦酸作水稳定剂外，又增加了羟基亚乙基二膦酸，对水中的钙盐有更显著的稳定作用。

(6)本品改碳酸钾为水解后呈碱性的钾钠盐，既可以达到溶解水垢中硅酸盐的目的，又可以避免长期使用钾碱而对钢材的碱性腐蚀和苛性脆化。

(7)水垢上的钙盐和镁盐如用碱金属离子进行交换，则变成了可溶物，但这种反应又会逆转回去，由于这种逆转是在水中，于是垢中的组分被转入了水，通过排污即被清除用水设备之外。现有水处理药剂在除垢中提供的是单纯的碱金属盐，本品改用了钾钠复盐，充分利用了碱金属离子间的协同效应。

实例18　可降解水处理剂

【原料配比】

原　　料	配比(质量份)			
	1#	2#	3#	4#
亚硫酸氢钠	98	84	80	—
亚硫酸氢钾	—	—	—	80
异丙醇	7	20	15	15
环氧氯丙烷	25	25	25	25
氢氧化钠(40%)	42	42	42	—
氢氧化钾(40%)	—	—	—	58.8
环氧琥珀酸钠水溶液	135	135	135	135
氯化钡	1	1	—	1
硝酸锶	—	—	1	—

【制备方法】　本品是以环氧氯丙烷和亚硫酸氢盐为原料，在相转移催化剂异丙醇和氮气的作用下合成中间体，中间体无须分离直接在稀土金属催化剂 Ba、Sr 的催化作用下与环氧琥珀酸聚合，得到聚环氧磺羧酸或盐的溶液。具体步骤如下：

亚硫酸氢盐在氮气保护下溶解于水，加入相转移催化剂异丙醇，在搅拌的条件下滴加环氧氯丙烷，控制反应温度为 65～95℃，反应时间为 1.5～3h；再加入碱，减压蒸馏回收相转移催化剂；然后加入一定量的稀土金属催化剂，在 pH 值为 10～14、70～100℃（优选 80～90℃）的条件下与环氧琥珀酸聚合 2～5h（优选 3～4h），即得到聚环氧磺羧酸或盐的黄褐色黏稠溶液。

【产品应用】　本品可广泛用于循环冷却水、锅炉水、油田水、膜处理等领域的阻垢缓蚀处理。

【产品特性】　本品原料易得，配比科学，工艺简单，产品性能稳定，具有良好的阻垢和分散性能。

实例 19　冷凝水处理剂

【原料配比】

原　料	配比（质量份）	
	1#	2#
三聚磷酸钠	10	—
六偏磷酸钠	—	14
硅酸钠	75	60
硫酸钠	15	16
聚丙烯酰胺	—	4
季铵盐型杀菌剂	—	6

【制备方法】

1. 1#配方的制备方法：

（1）将三聚磷酸钠、硅酸钠和硫酸钠用粉碎机（型号为 FXS－250）分别粉碎成粉剂。

(2)将上述三种物料的粉剂投入反应釜中,搅拌均匀,常温常压下产生水合交联反应而生成复合物。

(3)收集复合物并将复合物按一定剂量投入压模机中成形为片剂。

(4)将片剂送入干燥机(型号为 GJX－DH－50X55)中,在 30～40℃温度下干燥处理 10h 直至制剂含水率低于 2%。

2. 2#的配方制备方法:

(1)将六偏磷酸钠、硫酸钠和聚丙烯酰胺用粉碎机(型号为 FXS－250)分别粉碎成粉剂。

(2)将液态硅酸钠(俗称泡花碱)与季铵盐型杀菌剂(十六烷基氯化吡啶)以及聚丙烯酰胺投入反应釜中,搅拌均匀。

(3)向步骤(2)所述反应釜中加入六偏磷酸钠和硫酸钠粉剂,常温常压下水合交联反应生成复合物。

(4)收集复合物并将复合物按一定剂量投入压模机中成形为固态制剂。

(5)将固态制剂送入干燥机(型号为 GJX－DH－50X55)中,在 60～90℃温度下干燥处理 6h 以上,直至固态制剂含水率低于 2%。

【产品应用】 本品可用于冷凝水系统,特别是大型建筑中央空调末端冷凝器排水管道的处理与保养。可以避免管道堵塞,避免冷凝水从接水盘溢出,防止损坏吊顶、产生霉斑,能够延长系统的使用寿命。

【产品特性】 本品原料易得,工艺简单,产品具有防腐蚀、去污、抑菌、防粘泥的良好效果,并且各组分特性相辅相成,具有增效作用,既可防止污泥滞留,又可使积垢便于剥离,洗涤效果好。

实例 20　水处理剂(1)

【原料配比】

原料	配比(质量份)		
	1#	2#	3#
六偏磷酸钠	600	700	625
磷酸氢钙	200	300	225

续表

原　料	配比(质量份)		
	1#	2#	3#
碳酸铜	50	100	75
碳酸锌	50	100	75

【制备方法】　称取六偏磷酸钠、磷酸氢钙、碳酸铜、碳酸锌，均匀混合后在一个内衬为高温石英材料的容器中进行熔融，控制熔化温度范围为700～950℃，反应温度为1000～1300℃，总加热时间为1.5～3.5h；再经成型、退火、冷却即得成品。

所述的成型是将已熔化的玻璃液连续浇铸在模具中，再经脱模成相应形状的初品。退火温度为200～350℃，退火时间为30～50min。

【产品应用】　本品可用于循环冷却水、生活饮用水的处理。

【使用方法】

(1)用于循环冷却水时，可以按需要加入的量，以布袋装入本品后悬挂在水系统中，以使流经的水能溶有适量的处理剂，浓度一般在2～3mg/kg。

(2)用于生活饮用水时，可以将本品置于一个耐压的容器中，容器的两端与管路相连，打开水龙头时，进水经过装有水处理剂的容器，水处理剂以1～3mg/kg的浓度溶于水中可起到保护材料的作用。

【产品特性】

(1)本品可以在密闭容器中经水溶出后使用，不仅具有聚磷酸盐特有的阻垢性能，还具有优异的防腐、杀菌和灭藻性能。

(2)本品中含有大量的铜、锌离子，具有为Ca^{2+}、Cu^{2+}协同作用的防腐性能，防腐能力优于常规的聚硅磷酸盐，尤其是当水中的硬度低于60mg/kg时，本品仍具有良好的防腐效果。

(3)本品不仅具有能使各种水质防腐阻垢，使开放循环水阻垢灭藻的功能，同时有利于人体吸收矿物质。

(4)本品所用原料均为食品级，并经千度以上的高温制备而成，其金属盐的含量均远低于国标，因此无论在生活饮用水及循环冷却水中的应用均是安全、环境友好的水处理剂。

（5）本品无毒、无味、不挥发，纯无机材料，使用中无特殊要求。

实例21　水处理剂（2）

【原料配比】

原　　料	配比（质量份）					
	1#	2#	3#	4#	5#	6#
十六烷基三甲基溴化铵	3	6	6	6	3	6
氢氧化钠	0.5	1	1	1	0.5	1
硫酸锰	0.25	1	0.25	—	—	—
氯化钙	—	0.25	—	0.25	—	—
硝酸铁	—	—	—	—	0.3	0.3
正硅酸乙酯	—	—	1	1	—	1
去离子水	33	40	40	40	33	40

【制备方法】

（1）将十六烷基三甲基溴化铵和氢氧化钠溶解在去离子水中；

（2）向步骤（1）所得溶液中按料液质量比为1：（100～500）加入含有锰、钙、铁、硅中的一种或几种盐；

（3）将步骤（2）所得物料在反应釜中于70～110℃晶化3～7天，过滤后在温度不低于70℃烘干2～12h；

（4）将步骤（3）所得干燥物于500～600℃空气气氛中煅烧6～10h即得水处理剂。水处理剂比表面积为500～1000m^2/g，孔容在0.4～0.8cm^3/g，平均孔径在2.2～3.3nm。

【产品应用】　本品为多功能污水处理剂，尤其用于高浓度难处理污水的处理效果更为明显。

本品除了应用于一般的污水处理外，还可在紫外光的照射下作为光催化剂使用，通过光催化氧化高浓度废水，处理效果很明显。对有机物先通过絮凝和化学吸附的方式吸附在水处理剂表面，然后再在紫外光的照射下彻底分解成 CO_2 和 H_2O，污水处理后可达到国家一级排放标准。

【产品特性】　本品原料易得，配比科学，生产所需设备简单，占地面积小，处理过程中无须高温高压，反应产物主要是水和二氧化碳，对环境造成的二次污染极小；产品集强力杀菌、絮凝、氧化和脱色于一身，可以有效地杀死污水中的细菌，不需要考虑污水中的离子情况，处理效果好，应用范围广，经济效益和社会效益显著。

实例22　水处理剂(3)

【原料配比】

原料		配比(质量份)					
		1#	2#	3#	4#	5#	6#
氯酸类及其盐类	氯酸钠	—	—	—	—	5	—
	高氯酸	—	—	—	1	—	—
	亚氯酸钠	2	2	—	—	—	0.1
	次氯酸钙	—	3	—	—	—	—
	次氯酸钠	—	—	2	—	—	—
水溶性铝盐	硫酸铝	98	5	—	—	95	99.9
	硫酸铝钾	—	—	—	95	—	—
	硫酸铝铵	—	—	98	—	—	—
	结晶氯化铝	—	—	—	4	—	—
	聚合氯化铝	—	90	—	—	—	—

【制备方法】　将配方中各组分加入混合罐中，搅拌混合均匀即可。

【产品应用】　本品适用于处理造纸废水、印染废水、油田废水（回注水）、食品废水、皮革废水等。

【使用方法】　90%（质量分数）的水和10%（质量分数）的水处理剂，其体系总成分为100%。按上述比例将水放入搅拌罐，加入本水处理剂进行搅拌溶解，形成水处理剂水溶液，然后，按99% ~99.95%（质量分数）废水加入0.05% ~1%（质量分数）上述水处理剂水溶液，其体系总成分为100%。处理后的废水在进入沉淀池前还可以加入聚丙烯酰胺以加速沉淀。

【产品特性】　本品含有氯酸类及其盐类和水溶性铝盐类，在处理废水过程中，不仅可以除去水中的悬浮物和胶体粒子，降低COD、BOD值，而且还可以脱色、除臭以及可以使处理后的废水或沉淀物回用。

本品在造纸厂废水中使用，可以有效地回收废水中的废纸浆，废水既可以达标排放，又可以当作回用水，从而使造纸厂基本上达到零排放。每处理1吨废水投入水处理剂的成本仅占回用废纸浆收益的20%左右，不仅有利于环境保护，还明显地降低造纸厂的生产成本。

实例23　水质稳定剂

【原料配比】

原料	配比（质量份）					
	1#	2#	3#	4#	5#	6#
2－膦酸丁烷－1,2,4－三羧酸	100	60	100	—	50	100
1,3,3－三膦酸基戊酸	—	40	—	—	—	—
4,4－二膦酸基－1,7－庚二酸	—	—	—	100	—	—
双(3－膦酸丙酸基)膦酸	—	—	—	—	50	—
丙烯酸与2－丙烯酰胺基－2－甲基丙磺酸共聚物	100	80	—	—	80	—
丙烯酸与丙烯磺酸钠共聚物	—	60	—	—	—	—
丙烯酸、2－丙烯酰胺基－2－甲基丙磺酸、丙烯酸羟丙酯共聚物	—	—	120	—	—	—

续表

原料	配比(质量份)					
	1#	2#	3#	4#	5#	6#
丙烯酸、衣康酸、2-丙烯酰胺基-2-甲基丙磺酸共聚物	—	—	—	80	—	—
马来酸酐与磺化苯乙烯共聚物	—	—	—	—	60	—
丙烯酸、2-丙烯酰胺基-2-甲基丙磺酸、丙烯酸甲酯共聚物	—	—	—	—	—	100
$ZnSO_4 \cdot 7H_2O$	85	90	—	100	—	—
氯化锌	—	—	80	—	100	80
苯并三氮唑	7	10	—	—	—	—
甲基苯并噻唑	—	—	3	—	10	—
巯基苯并噻唑	—	—	2	—	—	5
甲基苯并噻唑钠盐	—	—	—	10	—	—
2-氯-2-溴-2-硝基乙醇	10	15	—	—	—	10
2-溴-2-硝基丙二醇	10	—	—	—	—	—
2,2-二溴-2-硝基乙醇	—	—	10	—	—	—
4-溴-4-硝基-3-己醇	—	—	—	10	—	—
2-溴-2-硝基-1,3-丁二醇	—	—	—	—	18	—

【制备方法】 将各组分混合均匀即可。

【产品应用】 本品用于火力电厂(热电厂)循环冷却水中,对其进行水质处理,防止冷却系统腐蚀、结垢、菌藻繁殖。

【产品特性】 本品具有高效的缓蚀、阻垢、分散、控制微生物的性能，一剂多能；低膦、低锌，避免锌沉积问题；适用于多种水质，无须调节pH值，便于操作；完全溶解，可以无限稀释；安全、无毒、无环境污染。

实例24　污水处理剂

【原料配比】

原料		配比(质量份)
配料一	凹凸棒石黏土	60
	水	37
	硫酸(浓度为98%)	3
配料二	酸化后的凹凸棒石黏土	70
	明矾	22
	改性淀粉	8

【制备方法】

(1)选料：凹凸棒石黏土经自然风化20～60d后晾干，水分≤13%；明矾应选用质量较好的晶体矾；一般淀粉不能用，必须是改性淀粉。

(2)酸化：硫酸稀释后喷洒在凹凸棒石黏土上，用搅拌机搅拌均匀，堆积24～48h。

(3)烘干：输送到烘干机内进行烘干，烘干温度控制在120～160℃，烘干后的凹凸棒石黏土水分应≤5%。

(4)磨粉：将酸化后的凹凸棒石黏土、明矾和改性淀粉共同磨粉，细度≤0.074mm，包装即为成品。

【产品应用】　本品主要用于城镇污水处理，也适用于化工、酿造、医药、造纸等行业的污水处理。

【使用方法】　当污水进入沉淀池后，首先清除各种漂浮物，根据污水的具体情况，加入0.1%～2%的凹凸棒污水处理剂，用高压气泵冲翻数次，加速凹凸棒污水处理剂与污水的作用，在短时间内，污水就会产生絮凝状悬浮物，并迅速自然沉淀，达到脱色净化污水的目的，澄清后的水即可达到排放标准,或放入另一池中,循环再次利用。凹凸棒污水处理剂和污水中沉淀物,可留在沉淀池中,稍许添加部分凹凸棒污水处理剂,即可进入下一轮污水的处理。当沉淀池中的污泥较多时,可将污泥转入污泥池中另做处理。

【产品特性】

(1)絮凝反应速度快,去除率高,且处理后的水质清亮,废渣含水率低,污泥体积小,脱水性能好。

(2)性能稳定,使用的温度和 pH 值范围宽,使用不受季节、区域的限制,而且便于储存和运输。

(3)采用本品时,药剂的投加及浮选或沉降设施可利用现有的处理设施,无须增建,且运行成本低,适用范围广,操作简单方便。

(4)处理后的净水和污泥经过适当的处理后,可再次利用或排放,污泥是一种很好的有机肥料。

实例25　钨系水处理剂

【原料配比】

原料		配比(质量份)		
		1#	2#	3#
予膜处理配方	钨酸钠	100	150	150
	葡萄糖酸钠	50	150	200
	羧酸酰胺	50	—	—
	聚丙烯酸钠	—	4	4
	锌盐	4	4	4
正常处理配方	钨酸钠	5	30	20
	葡萄糖酸钠	10	60	30
	羧酸酰胺	2	—	—
	聚丙烯酸钠	4	4	4
	锌盐	2	2	3

【制备方法】 将各组分混合均匀即可。

【产品应用】 本品适用于工业循环水。适用于 pH 值为 7.0～8.5，即在中性或偏碱性的范围内使用，使用时，可以不加酸或少加酸。

【产品特性】 本品性能优良，效果显著，具有高效的缓蚀功能和很高的阻垢功能，缓蚀和阻垢率均大于 90%，而且低毒无公害，能充分利用钨矿资源又降低了药剂费用和水处理的操作运行费用。克服了现有同类产品性能单一、有毒性、有“赤潮”公害等缺点。

实例 26 无磷环保水处理剂

【原料配比】

原料		配比（质量份）			
		1#	2#	3#	4#
固体分散剂	腐殖酸钠与磺酸盐共混物	50	—	60	40
	腐殖酸钠	—	40	—	—
	单宁酸	30	25	20	30
	阳离子聚丙烯酰胺	15	—	—	25
	阴离子聚丙烯酰胺	—	25	—	—
	非离子聚丙烯酰胺	—	—	10	—
	脂肪醇聚氧乙烯醚	5	10	10	—
	十二烷基硫酸钠	—	—	—	5
液体缓蚀剂	丙烯酸-2-丙烯酰胺-2-甲基丙磺酸多元共聚物（AA/AMPS）	80	70	80	75
	缓蚀剂	20	30	20	25

【制备方法】 将各组分混合均匀即可。

所述磺酸盐具体如下：1#配方为 2-丙烯酰胺基-2-甲基丙磺酸与丙烯酸钠的共聚物；2#配方、3#配方为丙烯磺酸钠与丙烯酸的共聚物；4#配方为2－羧基－3－烯丙氧基－1－内烷磺酸盐和丙烯酸的共聚物。

所用缓蚀剂具体如下：1#配方由甲基苯并三氮唑（TTA）和苯并三氮唑（BTA）以1∶1（质量比，下同）组成；2#配方为TTA；3#配方由TTA、BTA和硫酸锌以3∶1∶1组成；4#配方为BTA。

【产品应用】 本品可广泛应用于电力、化工、冶金等各种水质的工业循环冷却水系统。

【使用方法】 在40～80℃的冷却水温下加入固体分散剂和液体缓蚀剂，加入量为固体分散剂10～100mg/kg，液体缓蚀剂5～50mg/kg。

【产品特性】

（1）采用无膦有机复合配方，无毒害，循环冷却水排放后不会对自然环境造成污染。

（2）提高了循环冷却水的重复利用率，提高了节水率，循环冷却水系统的浓缩倍率由2～3提高到5～6，节水率比使用有机膦水处理剂提高了40%。

（3）阻垢缓蚀效果明显，对于敞开冷却水系统的污垢热阻值达到$1.72 \sim 3.14 \times 10^{-4} m^2 \cdot K/W$，缓蚀率为：$A_3$钢≤0.125mm/年，Cu≤0.005mm/年。

实例27 中央空调冷冻水复合水处理剂

【原料配比】

原料		配比（质量份）			
		1#	2#	3#	4#
2－膦酸基丁烷－1,2,4－三羧酸（PBTCA）		5	7	2	7
钼酸盐	$Na_2MoO_4 \cdot 2H_2O$	5	2	5	4
稀土元素的盐	硝酸铈	1	—	—	1
	硝酸镧	—	0.5	—	—
	硝酸镨	—	—	1.5	—

续表

原料		配比(质量份)			
		1#	2#	3#	4#
铜缓蚀剂	苯并三氮唑(BTA)	1	1	1	—
	甲基苯并三氮唑(TTA)	—	—	—	1
锌盐	$ZnSO_4 \cdot H_2O$	1	1	—	—
	$ZnSO_4 \cdot 7H_2O$	—	—	1	—
	氯化锌	—	—	—	1

【制备方法】　本品的制备方法为常规的物理混合方法。

【产品应用】　本品适用于中央空调循环冷冻水。

【使用方法】　将本品置于100万份水中,搅拌混合均匀即可。

【产品特性】

(1)本品为无毒配方,投加量低,含磷量低,是环境友好型药剂。

(2)阻垢、缓蚀性能优异。

(3)提高锌盐的稳定性,与锌盐复配增效明显。

(4)稀土元素加入可以参与钢铁表面的成膜反应,形成致密的稀土元素转化膜,且与有机膦酸化合物复配具有明显的协同增效作用,可以降低钼酸盐等药剂的使用量,降低药剂成本,优化缓蚀效果。

(5)本品所使用的稀土元素属低毒物质,对人畜无害,对环境无污染,并且对于开发稀土元素在水处理中的应用范围有非常积极的意义。

实例28　中央空调冷却水复合水处理剂

【原料配比】

原料	配比(质量份)			
	1#	2#	3#	4#
聚环氧琥珀酸(PESA)	5	7	3	5
膦酸盐(PBTCA)	5	2	5	5

续表

原料		配比(质量份)			
		1#	2#	3#	4#
钼酸盐	钼酸钠	8	5	5	3
稀土元素的盐	硝酸铈	1	—	—	—
	硝酸镧	—	1	—	2
	硝酸镨	—	—	1	—
铜缓蚀剂	苯并三氮唑(BTA)	2	1	1	—
	甲基苯并三氮唑(TTA)	—	—	—	1
锌盐	$ZnSO_4 \cdot H_2O$	1	1	—	—
	$ZnSO_4 \cdot 7H_2O$	—	—	1	—
	氯化锌	—	—	—	1

【制备方法】 本品的制备方法为常规的物理混合方法。

【产品应用】 本品适用于中央空调循环冷却水。

【使用方法】 将本品置于100万份水中,搅拌混合均匀即可。

【产品特性】

(1)协同效应明显,PESA用量很低时就可完全抑制碳酸钙的生成。

(2)阻垢、缓蚀性能优异,与氯的相容性好,阻垢性能不受氯浓度的影响,从而适用于高温、高碱、高氯根及高pH值的“四高”水质。

(3)低磷、环保型配方,可大大降低排放磷含量。

(4)提高锌盐的稳定性,与锌盐复配增效明显。

(5)稀土元素的加入可以参与钢铁表面的成膜反应,形成致密的稀土元素转化膜,防止其腐蚀,进而降低其他药剂的投加浓度,优化缓蚀效果。

(6)本品所使用的稀土元素属低毒物质,对人畜无害,对环境无污染，并且对于开发稀土元素在水处理中的应用范围有非常积极的意义。

实例29　纺织印染废水处理剂(1)

【原料配比】

原　　料	配比(质量份)
膨润土	49
凹凸棒石黏土	50.5
聚合氯化铝	0.3
聚丙烯酰胺	0.2

【制备方法】

1. 选矿提纯

膨润土和凹凸棒石黏土内部所含杂质较多，应分别进行选矿和提纯。

2. 膨润土和凹凸棒石黏土活化方法

(1)酸化改性：分别用适量的硫酸对膨润土和凹凸棒石黏土进行酸化处理：用半湿法，按质量分数配制，按质量分数配制8%～10%硫酸溶液，分别喷洒在膨润土和凹凸棒石黏土上，进行搅拌混合均匀，陈化2h。

(2)对辊挤压：将酸化后的膨润土和凹凸棒石黏土分别进行两次对辊挤压。

(3)烘干：分别将膨润土和凹凸棒石黏土在回转式干燥炉内进行烘干焙烧，温度控制在250～400℃，焙烧时间为2h，经焙烧后即为活性膨润土和活性凹凸棒石黏土。

3. 纺织印染废水处理剂的制备

将活性膨润土、活性凹凸棒石黏土、聚合氯化铝和聚丙烯酰胺混合后进行粉磨，颗粒细度控制在0.074～0.105mm，包装即为成品。

【产品应用】 本品适用于处理印染废水、造纸废水和其他工业废水。

【产品特性】 本品具有较大的比表面积、离子交换和吸附性能，用于处理废水成本低、操作简单、无毒无害、效果显著；印染废水经本品处理后水质优于该类废水国家排放标准，沉淀物可再生循环利用。

实例30 纺织印染废水处理剂(2)

【原料配比】

原料	配比(质量份)				
	1#	2#	3#	4#	5#
聚合硫酸铁	18	16	16.4	17	17.6
氯化铁	0.4	1	1	1	0.6
聚丙烯酰胺	0.8	1	0.8	0.4	0.4
聚二甲基二烯丙基氯化铵	0.4	0.4	0.8	0.8	0.6
磷铵	0.2	0.6	0.2	0.4	0.4
羧甲基纤维素钠	0.2	0.6	0.6	0.4	0.4

【制备方法】 将各组分加入混合罐中，混合均匀即可。本品的处理工艺为：原水→混凝→曝气→沉清→砂滤→吸附。

混凝是指向原水中掺入多元复合药剂。

【产品应用】 本品适用于纺织工业和制衣工业废水的处理。

【产品特性】 本品原料配比科学，六种药剂复合后，在污水混凝处理过程中，利用其各自的亲和性，各自发挥主要作用和辅助作用，使污水迅速反应沉淀。有机和无机复合的凝聚剂同时加入，对生化耗氧量和化学耗氧量除去率也极高。

本多元复合药剂正电性强，利用强水解基团形成的微絮体使胶粒脱稳，使大量色素由于共同效应，也形成絮体沉淀下来。另外，本品对水质的pH值应用范围广(在2～13之间)，对各种印染废水处理效果无明显差异，COD_{Cr}、BOD_5去除率约为80%。

实例31　废水处理复合净水剂(1)

【原料配比】

原　　料	配比(质量份)		
	1#	2#	3#
聚合态碱式氯化铝	14~15	10~12	12~13
聚合态碱式硫酸铁	10~11	14~15	12~13
氯化铁	9~9.5	9.5~10	9~9.5
硅酸钠	1~1.5	1.5~2	1.3~1.8
硫酸	1~5	1~5	1~5
水	加至100	加至100	加至100

【制备方法】

(1)将硅酸钠溶于水中，再加入硫酸，在酸性状态下生成活性硅酸。

(2)将步骤(1)所得物料在搅拌状态下加入聚合态碱式氯化铝(先加铝盐的目的是对生成的活性硅酸起到稳定作用)，再加入聚合态碱式硫酸铁和氯化铁，对混合溶液静置1~2h，即得产品。

【产品应用】　本品可广泛用于城市生活废水和工业废水的处理。

【产品特性】　本品原料易得，配比科学，工艺简单；在聚合态碱式氯化铝中引入铁盐，利用聚合态碱式硫酸铁水解产生的多种高价和多核离子，对处理水中的悬浮胶体颗粒进行电性中和，降低电位，促使离子相互凝聚，产生吸附、架桥交联作用，增强混凝的协同效应，减少铝的残留量，对设备基本无腐蚀；铝盐可保证硅酸钠的稳定性和活性，具有很好的卷扫和网捕，能有效去除废水中的各种重金属，降低COD并脱硫。另外，本品药剂用量低，适应水质条件较宽。

实例32 废水处理复合净水剂(2)

【原料配比】

原料	配比(质量份)		
	1#	2#	3#
氯化铝	90	—	—
硫酸铝	—	70	—
聚合铝	—	10	60
高岭土	5	—	—
沸石	5	—	10
膨润土	—	10	10
明矾石	—	10	—
石英粉	—	—	10
硅藻土	—	—	10

【制备方法】 将各组分混合均匀即可。

【产品应用】 本品可用于畜牧场、食品厂、肉类加工、生活污水、油田废水、造纸厂、电镀、洗煤、印染、漂染等废水的净化处理。

【产品特性】

(1)本品选用的可溶性单体具有引发连锁脱稳反应的作用,控制不溶性单体颗粒半径可以改善生成絮体的密度和强度,增大不溶性单体的接触面积可以增强其吸附架桥能力,这些因素都大大提高了净化水质的效率。

(2)复合净水剂在通过化学反应来破坏废水中的污染物稳定性的同时,增加其吸附架桥能力及改善生成絮体的粒径、密度和强度,比单一型净水剂具有更多的功效。

(3)应用范围广,对多种废水都可以达到较好的混凝效果;快速形成矾体,沉淀性能好,脱色效果好;适宜的 pH 值及温度范围较宽;单位使用量较低,且原料易得,价格便宜。

（4）本品单位用量比单一型硫酸铝低15%以上，而且对惰性污染物去除效果尤为显著，有利于减轻环境污染，保护水资源，社会效益显著。

实例33　复合多元聚铝净水剂

【原料配比】

原　　料	配比（质量份）
水	50
硅酸盐（含量90%）	36.7
硫酸（含量97%）	10
六水合三氯化铝	1
硫酸铝	0.6
二氧化硅	1.7

【制备方法】　在常温生产容器中注入水，然后搅拌加入粉状硅酸盐，再缓慢加入硫酸，反应2h后分别加入六水合三氯化铝、硫酸铝、二氧化硅，冷却至50℃装入塑料桶，即得产品。

【产品应用】　本品广泛用于化工、医药、冶金、选矿、造纸等工业废水的处理，特别适用于高浓度、高色度的废水。

【使用方法】　废水1000L（色度为100倍，COD为1000mg/L，pH＝7）中加入石灰（CaO）2.5kg，搅拌溶解后加入本净水剂50kg反应0.5h，沉淀2h分离清液（清液色度10倍，COD为100mg/L，pH＝7），如沉淀物循环使用，则本剂再投加量可减少到30kg，处理效果等同。

【产品特性】　本品原料配比科学，活性硅酸具有价格低、处理后水中的残留量较其他净水剂低的优点，铝盐中的铝离子在水中水解缩聚形成高聚物，可将水中带负电荷的微粒子相互黏结而沉淀，在低温情况下也能达到如此效果，由此产生的协同作用，可使所述净水剂脱色效果优于其他净水剂。使用本品处理废水效果好，处理费用低，受水温影响小，在南方地区冬天水温为零下3℃时处理效果也很好。

实例34 复合水处理剂(1)

【原料配比】

原　　料	配比(质量份)		
	1#	2#	3#
聚合氯化铝	30	40	—
聚合硫酸铝	—	—	20
硅藻土	40	40	50
沸石	20	10	20
漂白精粉	5	7	6
铁屑	5	3	4

【制备方法】 将上述各组分在常温下进行混合即可。

【产品应用】 本品广泛适用于生活、医院、造纸污水、印染废水及屠宰废水处理等水处理工程。

【产品特性】 本品以天然物质和化学物质复合而成，利用聚合铝盐在污水中良好的絮凝作用，进一步提高硅藻土、沸石及其吸附物的快速凝聚沉积，靠吸附、凝聚原理、离子交换等功能去除水中的污染物，水处理效果好。

本品处理负荷大，用量少，适用范围广泛，可降低水处理运行成本。

实例35 复合水处理剂(2)

【原料配比】

原　　料	配比(质量份)
钠基膨润土	75
硫酸铁	10
硫酸铝	10
硫酸镁	5

【制备方法】　将钠基膨润土破碎，然后与其他原料混合，熔烧，进行活化处理，最后破碎过 60 目筛得到产品。

【产品应用】　本品可用于处理多种工业废水，如造纸废水、印染废水、电镀废水和城市中水等。

【产品特性】　本品原料易得，配比及工艺科学合理，在保证充分活化作用的同时，提高在活化过程中产生的铝、镁等具有絮凝效应的金属离子的浓度，得以在水处理过程中发挥协同作用，从而增强水处理剂的去污能力，同时解决制备工艺过程中产生的二次污染。

膨润土作为吸附剂，原料丰富，价格低廉，再生方便，因而污水处理的成本较低，具有广阔的应用前景。

实例 36　改性红辉沸石净水剂

【原料配比】

原　　料	配比（质量份）		
	1#	2#	3#
红辉沸石	2	2	2
氯化镁	1	3	—
氧化镁	—	—	2
氯化铝	1	2	—
硫酸铝	—	—	1

【制备方法】

(1)将红辉沸石粉碎至 20 ~ 60 目，并与含镁的化合物和含铝的化合物混合均匀。

(2)在步骤(1)所得混合物中加入碱溶液，将其 pH 值调节到 6 ~ 8，并使混合物成胶体状态，其中所述的碱溶液可以是氢氧化钠或氢氧化钾溶液。

(3)将步骤(2)所得混合物进行干燥、晶化，即得改性红辉沸石净水剂。所述干燥温度一般为80~100℃,最好为90℃;在晶化时温度一般控制在240~300℃,最好为300℃,晶化时间一般为1~3h,最好为1.5h。

【产品应用】 本品可用于处理生活污水中的COD,去除率大于75%;也可用于处理污水中的有毒物质 Cr^{6+},其去除率大于95%。

【产品特性】 本品所用原料红辉沸石的储量大,价格便宜,将其改性处理的生产工艺比较简单,无须任何复杂、大型的设备,因此其生产成本低廉,完全可以进行工业化批量生产。

实例37 高效水处理剂

【原料配比】

原料	配比(质量份)		
	1#	2#	3#
废铁屑	1000	1000	1000
粉末活性炭	250	—	—
粒状活性炭	—	400	—
柱状活性炭	—	—	300
钠基膨润土	300	400	200
锯末粉	50	150	200
水	300	250	200

注 各实例所用废铁屑直径为:1#配方为3~10mm,2#配方为2~8mm,3#配方为3~8mm。

【制备方法】

(1)将直径为2~10mm的废铁屑与活性炭、膨润土、锯末粉充分混合后,加水调匀。

(2)将步骤(1)所得混合物放在温度为100~150℃的恒温箱中保温2~3h。

(3)将步骤(2)处理的混合物移到马弗炉中,逐渐升温至400~500℃,保温焙烧2~10h。

(4)取出经步骤(3)处理的混合物,冷却、研磨、筛分,留取40~60目颗粒,即得产品。

【产品应用】 本品广泛应用于石油化工、印染、造纸、重金属、制药等行业的废水处理。

【产品特性】 本品充分利用膨润土的离子交换性、吸附脱色性和黏结性以及锯末粉烧结物的多孔性,使得制备的处理剂在处理废水时,对COD、重金属和色度去除率比普通Fe/C微电解水处理剂高15%~35%;成本低廉,制备工艺简单,充分利用机械厂的废铁屑,达到"以废治废"的目的,有利于环境保护和降低成本;本污水处理剂经高温活化后,可以重复使用,进一步降低了使用成本。

实例38　高效污水处理剂

【原料配比】

原料		配比(质量份)				
		1#	2#	3#	4#	5#
十水合碳酸钠		10	—	—	—	—
无水碳酸钠		—	10	15	10	10
十水合磷酸三钠		50	—	—	—	—
无水磷酸三钠		—	50	55	50	50
液体硅酸钠		40	—	—	—	—
固体硅酸钠		—	30	35	30	30
表面活性剂	烷基苯磺酸钠	20	—	—	—	—
	十二烷基苯磺酸钙	—	20	25	15	20
自来水		20	20	25	20	30

【制备方法】 将水与硅酸钠加入带夹套的反应釜内,搅拌控制温

度为75～80℃，时间为1～1.5h，使硅酸钠全部溶解成胶状；降温至30℃，边搅拌边加入碳酸钠和磷酸三钠，在温度自然上升的情况下控温75～80℃继续搅拌0.5h，降温至20～25℃时加入表面活性剂，再继续搅拌0.5h后边搅拌边出料，冷却干燥，粉碎后即得成品。

【产品应用】　本品可用于处理各种工业、生活污水，3min内任何细小污物全部凝聚沉淀，使污水清澈透明，达到国家污水排放标准。

【产品特性】　本品原料易得，配比科学，工艺简单；产品无毒、无味、性能稳定，使用方便，处理效果好，处理成本较低。

实例39　工业污水处理剂(1)

【原料配比】

原　　料	配比(质量份)
钠基膨润土	290
铁粉	140
铝灰渣	100
高岭土	110
光卤石	110
浓盐酸	250

【制备方法】　将钠基膨润土、铁粉、铝灰渣、高岭土、光卤石放入1.5t的反应釜中，并通过搅拌机搅拌混合，然后通过高位槽将废盐酸徐徐加入，并通过搅拌机不断搅拌，待其反应完毕并搅拌均匀后装入储存罐中即得产品。

【产品应用】　本品适用于各种不同的工业污水的处理。

【产品特性】　本品投资少、成本低、简单易行；具有较强的污水处理能力，用量少，使用时产生的残渣较少，无二次污染；如果污水浓度较高(化学耗氧量大于2000mg/L)时，可与氧化剂(4‰～5‰)配合使用，效果更佳，经其处理的工业污水均能达到排放标准。

实例 40　工业污水处理剂(2)

【原料配比】

原料	配比(质量份)						
	1#	2#	3#	4#	5#	6#	7#
聚丙烯酰胺	25	15	20	—	—	28	30
聚丙烯酸酯	—	—	—	25	30	—	—
工业食盐	15	20	20	22	28	25	35
甲胺催化剂	15	15	18	20	25	20	30
硫酸镁	—	35	—	—	—	30	—
硫酸钾	—	25	—	—	—	30	—
四硼酸钠	—	—	20	—	—	—	18
硼酸	—	—	—	—	—	—	30
卤砂	—	—	—	—	15	—	—
水	70	65	55	70	75	80	85

【制备方法】　将各组分按比例配料,反应在反应罐中进行,反应温度控制在 40 ~ 70℃,经聚合反应后即得产品。

在制备时,可根据需要加入一些其他添加剂,如消毒剂、脱色剂、除臭剂、防腐剂、增香剂等,以改善产品的使用性能。

【产品应用】　本品主要用作造纸废水的处理,也可以用于皮革、印染、化工、医药、冶炼、电镀、石油等工业污水的处理,还可用于生活污水的处理。

本品在应用时,与净水剂配合使用效果更好。普通的净水剂都可应用,如聚合氯化铝、聚合氯化铁、硫酸铝、硫酸亚铁、三氯化铁、碳酸钡等均可,可根据具体情况选择使用其中的一种或几种。

【使用方法】　本品在使用前最好稀释 15 ~ 25 倍左右。首先将污水黄液排入定量池中,以污水量为基准,加入 0.1% ~ 1% 的净水剂,充分搅拌后,再加入 0.2% ~ 1.5% 的污水处理剂,再充分搅拌。1 ~ 2min

左右，污水中所有有害物质便会基本絮凝沉淀或上浮，上层的清水可进行排放，甚至可以用作循环水再次使用，无二次污染。该污水处理剂也可与净水剂同时加入至污水中，效果相同，只是反应较慢。

【产品特性】　本品原料易得，工艺简单，应用方法科学合理，使用效果显著，节约用水，有利于环境保护。

实例41　硫酸型复合净水剂

【原料配比】

原　料	配比(质量份)
硫酸铝	25
硫酸镁	65
硫酸锌	10

【制备方法】　将上述三种原料分别粉碎至直径小于1mm颗粒状，然后以机械物理方式混合，均匀后即为成品。

【产品应用】　本品用于废水净化处理。

【使用方法】　首先将本品用水稀释至在水中含量为2%～5%的水剂，然后将稀释过的水剂净化剂按每吨添加0.2%～0.8%的份额加入后，搅拌至充分反应，再加入聚丙烯酰胺，再搅拌至充分反应后，放入沉降池中沉降30～60min，沉降物废弃处理，清水即可重复使用。

【产品特性】　本品配方科学合理，生产工艺简单，使用效果可靠，克服了现有净化剂覆盖面窄、适用范围小、功能单一等不足。

实例42　纳米超高效净水剂

【原料配比】

原　料	配比(质量份)			
	1#	2#	3#	4#
硅基氧化物	1	10	1	10
聚合硫酸铁	80	10	—	—

续表

原　料	配比(质量份)			
	1#	2#	3#	4#
聚氯化铝	—	—	60	10
三氯化铁	14	70	34	60
硫酸亚铁	5	10	—	—
硫酸铝	—	—	5	20

【制备方法】　(以配方1#为例)

(1)将聚合硫酸铁、三氯化铁、硫酸亚铁分别经粉碎机粉碎至过100目筛,然后将三者混合(如投入双螺旋搅拌器中混合1h)而得到混合物。

(2)再将步骤(1)所得混合物粉碎至过325目筛(可使用气流粉碎机进行)而成为超微粉混合物。

(3)将纳米级氧化物(如由二氧化硅制得的硅基氧化物)和上述超微粉混合物一次投入双螺旋搅拌器中混合2~3h,即得净水剂。

【产品应用】　本品用于废水处理。

【使用方法】　使用时,将其溶于水中而成为溶液,将该溶液按常规滴加方式加至被处理水中即可。

【产品特性】　本品将纳米级氧化物粉体用于药剂中,由于纳米级粉体的比表面积大,使药剂改性,即极大地提高了药剂的活性,使其在水处理中的反应速度加快,使反应更充分,从而使药剂利用率高、相对用药量大大降低;其他组分的配合使用,使药剂处理综合废水(如城市废水)的性能显著增强;而适当调整药剂组分的比例,又可处理不同污染物的废水。

本品设备投资少,可节省投资50%,流程短、占地面积可减少50%,药物投放量小,最大用量为1t废水用药0.15kg,可节省运行费用40%;对废水水质变化较大时,净化效果好而稳定,排放指标始终符合规定标准;适应范围广,尤其在pH值变化大的情况下也能应用。

实例43 强效脱色去污净水剂

【原料配比】

原料	配比(质量份)			
	1#	2#	3#	4#
三聚氰胺	250	250	250	250
硫酸铝	10	10	10	10
氯化铵	200	200	200	200
甲醛	200	200	200	200
尿素	100	100	100	100
可溶性淀粉水溶液	100	100	100	100
阳离子聚丙烯酰胺水溶液	50	10	50	—

注　可溶性淀粉水溶液的质量浓度:1#配方为30%,2#配方为20%,3#配方为60%,4#配方为60%。阳离子聚丙烯酰胺水溶液的质量浓度:1#配方为4%,2#配方为1%,3#配方为6%。

【制备方法】

(1)在装有搅拌机及恒温控制的反应釜里先加入三聚氰胺、硫酸铝、1/2氯化铵、1/2甲醛,搅拌溶解后,控制反应温度为70℃±1℃,恒温反应1h,进行第一次聚合反应。

(2)向物料(1)加入尿素、1/2氯化铵、1/2甲醛,控制反应温度为90℃±5℃反应3h,进行第二次聚合反应。

(3)向物料(2)加入可溶性淀粉水溶液和阳离子聚丙烯酰胺水溶液,恒温70℃±5℃反应30min,进行第三次聚合反应,冷却至室温即可制得产品。

【产品应用】　本品可用于对印染废水进行脱色处理。

【使用方法】　本品与无机絮凝剂聚合铝(PAC)和助凝剂聚丙烯酰胺(PAM)复配使用。在室温下将废水进行搅拌,然后先加入本品,再加入PAC,搅拌,再加入助凝剂PAM,再搅拌1~5min,静置分层,染料废水沉清后排放,即可得到有效处理。

【产品特性】

(1)本品是以三聚氰胺和甲醛等为主要原料,以硫酸铝和氯化铵为催化剂并引入添加剂进行三步聚合而合成的阳离子型多元共聚有机絮凝剂,其原料易得,价格低廉,制备工艺简单。

(2)对印染废水处理效果好,具有絮凝沉降速度快、污泥量少、操作简便、处理成本低等优点。

实例44　退浆废水处理剂

【原料配比】

原　　料	配比(质量份)		
	1#	2#	3#
聚合氯化铝	20	30	39
二氧化硅	20	25	16
硅酸钠	30	20	25
三氧化二铝	5	8	10
七水合硫酸镁	1	1.5	1.9
硼酸	1	0.5	0.8
十八烷基三甲基溴化铵	0.1	0.3	0.2
脱乙酸几丁质	0.2	0.1	0.3

【制备方法】

(1)将聚合氯化铝、硅酸钠、脱乙酸几丁质放入反应器内,在15～25℃的温度下搅拌15min,使其溶解。

(2)向步骤(1)所得物料中加入十八烷基三甲基溴化铵,并升温至30～70℃,继续搅拌30min,当物料泡沫增多且呈黏稠状时,再加入硼酸、七水合硫酸镁,继续搅拌60min后,停止搅拌并静置120～720min。

(3)向步骤(2)所得物料中加入二氧化硅、三氧化二铝,并升温至40℃,继续搅拌60min。

(4)将步骤(3)所得物料依次用离心机进行脱水,于60℃的烘箱中进行干燥处理,粉碎机进行粉碎研磨,再用120～180目的筛子进行过筛，即可制得成品。

【产品应用】　本品可去除废水中的 PVA（聚乙烯醇），适用于对织物坯布退浆废水的处理。

【产品特性】　本品原料配比科学，含有聚合氯化铝、三氧化二铝、七水合硫酸镁和十八烷基三甲基溴化铵等带正电的多核配位物，对废水中的胶体颗粒会产生电中和、脱稳作用；又由于二氧化硅和硅酸钠等硅系化合物内部的单斜晶格和内部电荷不平衡所形成的微孔，对废水中的有机物具有很强的吸附作用；而硼系化合物硼酸和脱乙酸几丁质则是 PVA 的优良螯合剂和凝胶剂。因此，在上述物质的共同作用下，废水中的 PVA 经螯合、电中和、脱稳、吸附架桥、黏附卷扫，会产生良好的絮凝、沉淀，PVA 去除效果好，去除效果达 75% 以上，减少了退浆废水中 PVA 的含量，降低了对环境的污染。

实例 45　污水处理剂(1)

【原料配比】

原料	配比（质量份）				
	1#	2#	3#	4#	5#
硅藻精土	2400	2000	2000	2400	2800
沸石（A 型）	1120	1400	1400	1600	1200
膨润精土	480	600	600	—	—
十六烷基三甲基溴化铵（CTAB）	6	6	—	—	—
四甲基溴化铵（TMAB）	4	4	—	—	—
十二烷基硫酸钠（SDS）	—	—	40	40	—
聚合氯化铝（PAC）	—	—	160	160	—
聚合铁（PFC）	—	—	—	—	80
聚丙烯酰胺（PAM）	—	—	—	—	2
无水乙醇	20（体积）	20（体积）	80（体积）	80（体积）	—

【制备方法】

（1）将硅藻土、沸石、膨润土置于高速捏合机中，进行搅拌 10～15min，其间加热至 90～120℃。

（2）将余下原料加入高速捏合机中，继续加热搅拌 15～20min。其中 CTAB、TMAB 采用乙醇稀释；SDS 用乙醇配制成质量浓度为 40%～45% 的溶液；PAC、PFC、PAM 采用干粉直接加入，经高速捏合加热搅拌即得成品。

【产品应用】　本品可用于对含有重金属离子和苯酚、胺等有机污染物污水的处理。

1#配方～3#配方产品可用于对含有苯酚、胺等为主的污水进行吸附处理；4#配方产品可用于对含有重金属离子 Pb^{2+}、Cd^{2+}、Zn^{2+}、Cr^{3+} 等的污水进行吸附处理；5#配方产品可用于对污水沟的生活污水进行处理。

【产品特性】　本品是由天然微孔材料进行加工制成，材料价格低廉，污水处理运营成本低；天然微孔材料对水质具有良好的渗透性，污泥可压滤成饼，避免污泥的二次污染；不同孔径的天然微孔材料的组合对细菌、真菌、原生物等污染物的富聚作用，使污水处理剂在起过滤、絮凝作用的同时，可作为消化细菌等微生物的载体。对于处理难降解、难生化、含抗生素的污水治理效果显著。

本品处理污水的原理如下：天然微孔材料污水处理剂，经加水预先搅拌后，加入污水池中，在高速搅拌或吸污水的泵机叶片旋转下，分散于水体中，微孔污水处理剂表面的不平衡电位中和悬浮离子的带电性，使其相斥电位受到减弱，而与污水处理剂形成絮团或凝聚成大的絮花，由于材料巨大的比表面积、孔体积及较强的吸附性，能将污水中的微细物质吸附到微孔材料表面及孔隙内部。絮团颗粒借重力沉降作用迅速沉淀至池底，并与处理后的清洁水体分离，沉渣成饼状袋装取走。处理污水后获得的沉渣，可再利用或回收其中的微孔材料。

实例46 污水处理剂(2)

【原料配比】

原料	配比(质量份)		
	1#	2#	3#
白矾	1	1.5	2
高锰酸钠	3	2.5	2
漂白粉	3	3.5	3
水	16	18	适量

【制备方法】 取白矾、高锰酸钠、漂白粉和水加入容器内溶化，水温65～100℃，溶化时间为20～40min，即得成品。

【产品应用】 本品适用于造纸污水、印染污水、制革污水、生活污水的处理。

【使用方法】 将本品按一定比例倒入污水中搅拌，然后自然沉淀即可。

【产品特性】 本品原料易得，工艺简单，使用方便，处理污水不仅速度快，而且处理比较彻底，既可达到排放标准，也可循环利用，节约水资源。

实例47 污水处理剂(3)

【原料配比】

原料	配比(质量份)
辉石安山玢岩	5
氯化钠①	1
氯化钠②	1
氯化钠③	1
水	适量

【制备方法】

(1)将辉石安山玢岩研成直径为2~9mm的细末。

(2)将经步骤(1)处理的辉石安山玢岩与氯化钠①混合后,加水没过上述混合物,至少浸泡24h。

(3)向步骤(2)所得混合物内加入氯化钠②,加水没过该混合物,至少浸泡24h。

(4)向步骤(3)所得混合物内加入氯化钠③,加水浸泡至少24h。

(5)滤出步骤(4)所得混合物中的固体物质,干燥至含水量5%~10%,即得产品。

【产品应用】　本品适用于城市污水及各种印染工业污水的处理,如毛纺厂、丝织厂、织布厂、人造纤维厂、腈纶染织厂、色织厂的污水及重离子污水的处理。

【使用方法】

(1)将1t污水处理剂加入2000~3000m^3污水中,搅拌至少30min,向污水内加入絮凝剂。所述絮凝剂可以是无机絮凝剂或有机絮凝剂,用量按1000kg污水处理剂加入4~6kg絮凝剂的比例计算。

(2)排出清水,去除污水储水池内的沉降物。

【产品特性】　本品仅由辉石安山玢岩和氯化钠两种成分混合浸泡再晾干而成,无须特殊设备,成本低,工艺简单;制得的产品价格低廉,除污效率高,效果稳定,而且能耗低,占地面积小,运行费用低;在处理污水结束时产生的废料可直接送水泥厂制作水泥,避免了二次污染。

实例48　污水处理剂(4)

【原料配比】

表1　污水处理剂

原　　料	配比(质量份)						
	1#	2#	3#	4#	5#	6#	7#
组分1	1	1	1	1	1	1	1
硫酸	0.2	0.3	0.4	0.2	0.3	0.4	0.2

续表

原　　料	配比(质量份)						
	1#	2#	3#	4#	5#	6#	7#
硫酸亚铁	1	1	1	1	1	1	1
硫酸镁	0.05	0.08	0.1	0.05	0.08	0.1	0.05
稀土	—	—	—	10%	10%	10%	15%

表2　组分1

原　　料	配比(质量份)						
	1#	2#	3#	4#	5#	6#	7#
沸石粉	50	60	70	50	60	70	50
膨润土	50	40	30	50	40	30	50

【制备方法】

(1)称取各原料,将沸石粉放入高温炉中,在700~800℃的高温下焙烧30~35min,冷却至160~200℃。

(2)将步骤(1)所得物料与膨润土、硫酸、硫酸亚铁、硫酸镁放入反应罐中混合、搅拌120~150min。

(3)将步骤(2)所得物料粉碎,即得到粉末状固体污水处理剂。

【产品应用】　本品可广泛用于各种污水的处理。

【使用方法】　在处理污水时,应用本污水处理剂,需要建立专门的污水处理装置(工程)和工作流程,通过污水处理剂与污水的相互作用,达到清除污染物的要求。污水处理的工程设计根据现场的实际情况而定,或者可用移动式的专门设施。若采用絮凝沉淀法,使用本药剂的一般工作流程,按顺序分成六个部分:

(1)投污水处理剂:本品通常用清水稀释10~20倍,稀释后的溶液装入安有流量计和搅拌器的药罐内。流量计用于指示污水处理剂的流量,搅拌器则要使污水处理剂始终处于均匀悬浮状态。污水处理剂的流量应与处理污水所需要量相一致。由于污水性质和处理难度不同,所用用量不同。在此要说明的是,本品的最佳絮凝沉淀介质条件,使 pH =8 左右,若处理的污水为中性水(pH =7 左右),加入污水处理剂后酸度会提高,这就需要加入少量助剂(石灰或烧碱)来调整 pH 值,使其返回 8 左右。可以先加污水处理剂后加助剂,也可以先加助剂再加污水处理剂。

(2)混合:是指污水与污水处理剂的混合。要求混合时间不少于 15min,最好是能用曝气处理法促进混合,使污水处理剂有足够的时间、充分的条件与污染物接触而进行吸附、离子交换及其他物化作用,以求达到最大的吸附交接量。

(3)缓冲:目的是降低充满矾花的污水流速,使其得以缓慢、平静地进入沉淀空间。

(4)沉淀:沉淀的重要条件是水体要稳定。粗粒级沉淀时间为 2 ~ 3min,微细料级则需 40 ~ 50min。可以考虑在沉淀的空间设计某种促沉淀澄清装置,以求获得更为良好的沉淀效果。

(5)过滤:目前一般用河沙或碎石作过滤层,它实际上不起多少作用。如果要确保清液回返使用,建议用三层过滤:河沙→P 矿砂→Z 矿砂。

(6)排放:经过滤的清水,可以达标排放或回返使用。

【产品特性】

(1)原料易得,配比科学,成本较低。

(2)污水处理效果好,尤其对含有重金属(Hg、Cd、Pb、Cr、Ni、Be 等)和/或含有耗氧有机物(COD、BOD)和/或含有植物营养素(如 P、K 等)和/或含有放射性物质(^{187}Cr、^{90}Sr、^{60}Co、^{45}Ca 等)和/或含有各种微细固体悬浮物和/或水体色度较高和/或水体有异味的污水有较好地处理效果,同时能够调整污水的酸碱度,使其接近天然水的 pH 值,清除或减低水中 Ca、Mg 元素,软化硬水。

(3)产品为粉末状,包装、运输及使用方便。

(4)在制备过程中无须使用特定污水,制备方便,成本较低。

实例49　污水处理剂(5)

【原料配比】

原　　料	配比(质量份)
硫酸铝	40
硫酸铁	10
硫酸镁	40
硫酸锰	6
立德粉	4
水	适量

【制备方法】　采用一般方法均匀混合即得成品。

【产品应用】　本品可用于煤泥水、含油污水、印染废水、造纸废水、化工和城市污水的处理。

【产品特性】　本品使用范围广，沉淀效果好，污水中加入本品后，悬浮物立刻絮凝，快速沉淀，效率高，出水水质好，处理成本低；处理后溶液的 pH 值近似中性，不含 Cl^-，不腐蚀水体系中的钢结构，无毒性，对人体健康无影响；处理后水无二次污染。

实例50　污水处理杀菌剂

【原料配比】

原　　料	配比(质量份)
异噻唑啉酮	40
十二烷基二甲基苄基氯化铵	35
柠檬酸	25

【制备方法】　先将异噻唑啉酮和十二烷基二甲基苄基氯化铵充分混合均匀，然后再加入柠檬酸，充分混合即可。

【产品应用】　本品适用于饮水机内胆、冷却循环系统、储罐、水源地过滤系统等的污水防治和处理。

【使用方法】　使用时,可根据各种水质污染状况的不同,以不同的浓度进行投加。

【产品特性】　本品具有广谱的效果,杀灭微生物异常迅速、彻底,使水质干净清澈;产品性能温和,不含氯等对人体有害的成分,降解产物无毒性,在进行污水处理时及处理后对环境无任何不良影响,安全环保。

实例51　印钞废水处理剂

【原料配比】

原料		配比(质量份)		
		1#	2#	3#
铁系混凝剂	聚合硫酸铁	10	—	—
	硫酸亚铁	—	10~60	—
	聚合硫酸铁铝	—	—	10~60
分散剂	聚丙烯酸	20	—	—
	聚丙烯酸酯	—	30	—
	聚马来酸	—	—	5
表面活性剂	聚氧乙烯甘油醚	1	—	—
	聚氧丙烯氧化乙烯甘油醚	—	5	—
	聚氧乙烯聚氧丙烯季戊四醇醚	—	—	10
消泡剂	有机硅	1	1	1
助溶剂	聚二乙烯丙基二甲基氯化铵	1	1	1
水		加至100	加至100	加至100

【制备方法】　将各组分溶于水中,混合均匀即可。

【产品应用】　本品尤其适用于印钞凹印废水(印钞过程中擦版液清洗色模辊所形成的含油墨废水)的处理。

【使用方法】

方法一：在300r/min的条件下投加本处理剂3.5%，搅拌时间为5min；在150r/min的条件下投加聚丙烯酰胺(1‰浓度)5‰。搅拌时间3min；通过污泥泵将处理后的废液打入板框式压滤机进行压滤处理，压滤处理时间10min。

方法二：在300r/min的条件下投加本处理剂12%，搅拌时间为5min；在150r/min的条件下投加聚丙烯酰胺(1‰浓度)1%，搅拌时间3min；通过污泥泵将处理后的废水打入板框式压滤机进行压滤处理，压滤处理时间7min。

【产品特性】 本品对生产中产生的机台含油墨废水与超滤后得到的浓缩含油墨废水均具有良好的混凝处理效果，同时混凝处理后的泥水分离能够通过压滤机得到实现。表现在以下几个方面：

(1)在使用过程中无须进行加酸调节，避免了酸对设备的腐蚀与对操作人员的伤害，达到安全生产的目的。

(2)在处理过程中反应平稳，没有明显的放热效应，无须进行特殊的过程控制。

(3)混凝沉降效果好，处理时间短，处理后所得到的混合物无明显的黏性，可以选用脱水机进行相应的泥水分离。配合使用相应的有机助凝剂可进一步提高滤饼的脱水率。

(4)药剂的水相稳定性好，与废水的相容性好，能较快地进行废水处理反应，有效提高处理效率。

(5)经本药剂处理后，得到的上清液悬浮物含量低，可以在处理工艺中去除气浮等辅助手段，从而降低处理成本。

实例52 有机污水处理复合药剂

【原料配比】

原料	配比(质量份)							
	1#	2#	3#	4#	5#	6#	7#	8#
聚合氯化铝	98	94	96	94	94	94	94	94
三氯化铁	2	6	4	6	6	6	6	6

续表

原　　料	配比(质量份)							
	1#	2#	3#	4#	5#	6#	7#	8#
氯化铜	—	—	—	2%	2%	—	2%	2%
三氯异氰尿酸	—	—	—	—	2%	—	—	2%
聚丙烯酰胺	—	—	—	—	—	1%	1%	1%

【制备方法】　将各组分混合均匀即可。

【产品应用】　本品可广泛应用于食品、纺织、造纸、皮革、医药等工业污水的处理。

【产品特性】　本品原料配比科学,工艺过程容易控制,产品性能优良,使用效果好。在污水混凝过程中,利用各自的亲和性,各自发挥主要作用和辅助作用,使污水迅速反应沉淀,能适应多变的污水,且处理工艺流程简单,不但对生物需氧量和化学需氧量除去率高,同时可杀死菌、藻等有害物质,使上述物质形成絮体快速沉淀分离。加有聚合氯化铝的药剂对水质的 pH 值适应范围为 2 ~ 13,除 pH 值的适应度外,对各种有机污水均无明显的差异,对较高的 COD 和 BOD 去除率在 60% 以上。

实例 53　造纸污水处理剂(1)

【原料配比】

原　　料			配比(质量份)
A组分	a 料	聚丙烯酰胺	1
		水	99
	b 料	壳聚糖	4
		冰醋酸	54
		水	42
	a 料 : b 料 : 氢氧化钠		85 : 10 : 5

续表

原　料		配比(质量份)
B组分	氯化钠	2
	水	86
	氯化钾	2
	硫酸铝钾	10

【制备方法】

1. A组分的制备

(1)将聚丙烯酰胺与水放入反应釜中,搅拌均匀,其搅拌速度为80~120r/min,时间为30min左右,得a料。

(2)将壳聚糖溶于冰醋酸和水的混合溶液中,搅拌均匀,得b料。

(3)将b料溶于a料中,搅拌均匀后再加入氢氧化钠,搅拌均匀即得A组分。

2. B组分的制备

先将氯化钠加入水中搅拌均匀,其搅拌速度为80~120r/min,搅拌时间为10min左右,然后加入氯化钾,搅拌均匀后再加入硫酸铝钾,再搅拌均匀,最后另加入上述总量的百万分之五的工业品蓝即可。

【产品应用】 本品适用于对造纸业排放污水“打浆水”和“网箱水”的处理。

【使用方法】 废纸经粉碎、清洗和研磨后其污水进入泥沙沉积池,纸浆进入粗浆池,再进入备用精浆池。

(1)将经过泥沙沉积处理后的污水引入搅拌池后注入污水处理剂的B组分,投放量一般为3‰,搅拌均匀(3~5min即可),然后引入沉淀池,大约经10min即可使污染物与水分离,分离出的水可直接进入蓄水池回收。

(2)在备用精浆池中注入污水处理剂的A组分,投放量一般为2‰,搅拌均匀(约需30min),然后引入在用精浆池。成纸后的网箱水引入沉淀池,最后进入蓄水池回收。

【产品特性】 本品是以纯化学制剂治理污水,并选用了壳聚糖和硫酸铝钾等化工原料，治理时只需将处理剂投入污水或精浆中，操作简单、方便，且无须投入大量设备或大型设施，从而大大降低了污水处理设施的一次性投资费用。

本品除了有回收水的效果外，还可使成品纸增产7%，经济回报十分可观。另外，本品还具有处理剂注入污水后的溶解快、反应快、处理时间短的优点。

实例54　造纸污水处理剂(2)

【原料配比】

原料		配比(质量份)	
		1#	2#
A处理剂	盐酸	508	298
	高岭土矿	250	285
	氧化铝	20	10
	水	215	334
B处理剂	亚硫酸钙	320	200
	重晶石(矿粉)	50	40
	滑石粉	60	58
	水	200	200

【制备方法】

(1)先把盐酸放入搪瓷罐，然后加入助剂总量0.3~5倍的水，开动搅拌，再逐步加入高岭土矿粉、氧化铝进行反应，时间为4~5h，控制pH值为0.25~3，波美相对密度计1.16~1.2即反应结束，后进行冷却，沉淀取上清液，除渣，得A处理剂。

(2)取亚硫酸钙、重晶石、滑石粉，加水搅拌均匀，得B处理剂。

【产品应用】　本品适用于造纸工业黑液废水的处理，还可以用于城市污水的处理。

【使用方法】　处理污水时的操作条件为：加药量为废水的万分之

一至万分之六,停留或沉淀时间为 8 ~40min。

举例说明处理造纸黑液废水的操作:需处理造纸原水、黑液废水的水量 10t,排入调节池,分别加入 A 处理剂为 2.8kg,B 处理剂为 1.7kg,两种处理剂同时泵前加入搅拌,送入反应槽充分反应,停 30min,排入沉淀池,沉淀 10 ~ 15min,进入净化池循环净化停留 30min,处理完毕。清水回用或达标排放,滤泥经压滤制复合肥。

【产品特性】

(1)本品简称为 B/O 处理药剂,是一种复合配制的污水处理剂,利用化学高分子转移脱色破坏污水的胶状体含氯和碱的元素有机物从水中析出,并将各种杂质悬浮物形成球状絮凝沉淀。

(2)污水和药剂在调试室内经过调试反应槽特殊设计,得到充分混合,并在搅拌下依靠旋流力使药剂和有机污染物进一步充分混凝,获得最佳沉淀净化效果,可以连续排放。

(3)经处理后的污水通过辐流沉淀池进行固液分离,污泥自池底用刮泥机刮到污泥池,然后抽到压滤机脱水,残液送至反应槽与被处理的水(原水)混合反应,达到了本品化学反应法的要求,造纸黑液废水经脱色、絮凝、沉淀、净化,使水质变成无色透明,排出口的水可回收利用,达到零排放的最佳效果。

(4)采用本品处理造纸废水不需要庞大复杂的传统多级物化、无须生化处理设备、减少投资、降低运行费用。

实例55 造纸污水净水剂

【原料配比】

原料	配比(质量份)		
	1#	2#	3#
膨润土	3	5	4
铝矾土	2	4	3
高岭土	1	3	2
硅藻土	1	2	1.5

【制备方法】

(1)将膨润土、铝矾土、高岭土、硅藻土混合后水洗。

(2)将水洗后的上层乳浆压滤成固体,按质量配比取5~7份与沸石粉(细度为100~300目)3~5份混合,在混合物中加入酸溶液(为硫酸溶液,浓度为5%~15%,加入量为混合物质量的1%~3%)搅拌均匀,在40~60℃的温度下放置16~24h。

(3)将步骤(2)所得混合物进行水洗至pH值为5~8。

(4)将步骤(3)所得物料干燥、粉碎、包装,即为成品。

【产品应用】　本品可用于造纸厂的造纸污水处理。

【产品特性】　本品不溶于水,无毒,具有极强的吸附性、去味性、脱色性和凝聚性;净水剂的用量少,一般为每吨造纸污水添加0.5‰~1.5‰;一般浓度污水不需要添加辅助剂,使用后造纸污水会很快出现分层,沉淀快。由于造纸尾水里的纤维、填料被吸附、聚凝沉淀,尾水的SS值大大降低,对COD有明显的分解作用;本品吸附尾水的臭味,使尾水达到国家1~2级排放标准。此外,沉渣中的纸纤维占沉渣体积的70%以上,可按一定比例加入纸浆中继续造纸,节约造纸原材料,无二次污染,造纸尾水处理达标后,也可反复循环使用,从而节约大量水资源。

实例56　防垢块

【原料配比】

表1　1#配方~6#配方

原料		配比(质量份)					
		1#	2#	3#	4#	5#	6#
有机磷酸盐	氨(氮)基三甲基膦酸盐	72	80	—	—	—	52
	羟基亚乙基二膦酸盐	—	—	71	—	—	8
	乙二胺四亚甲基膦酸钠盐	—	—	—	67	—	—
	1,2-二亚乙基三胺五亚甲基膦酸盐	—	—	—	—	76	—
	三亚乙基四胺六亚甲基膦酸盐	—	—	—	—	—	—

续表

原　料		配比(质量份)					
		1#	2#	3#	4#	5#	6#
骨架	高压聚乙烯	10	—	—	12	14	—
	低压聚乙烯	—	15	—	—	—	16
	EVA 树脂	7	—	19	1	4.5	1
	聚丙烯树脂	—	—	—	9	0.5	3.8
杀菌剂	十二烷基二甲基苄基氯化铵	5	—	—	—	—	1
	十二烷基二甲基苄基溴化铵	—	3	—	—	—	—
	十四烷基二甲基苄基氯化铵	—	—	4	—	—	—
	二氧化氯	—	—	—	4	—	—
(1)	六偏磷酸钠	1	—	—	1	—	—
	三聚磷酸钠	—	1	—	—	—	—
(2)	丙烯酸—丙烯酸酯共聚物	5	—	—	—	—	18.2
	膦酸基羧酸共聚物	—	1	—	—	4	—
	丙烯酸—磺酸共聚物	—	—	6	6	1	—

表2　7#配方～12#配方

原　料		配比(质量份)					
		7#	8#	9#	10#	11#	12#
有机磷酸盐	氨(氮)基三甲基膦酸盐	—	73	55	61	48	—
	羟基亚乙基二膦酸盐	—	—	—	16	21	75
	乙二胺四亚甲基膦酸钠盐	—	6	—	3	6	5
	1,2－二亚乙基三胺五亚甲基膦酸盐	—	—	5	—	—	—
	三亚乙基四胺六亚甲基膦酸盐	80	—	10	—	—	—

续表

原料		配比（质量份）					
		$7^{\#}$	$8^{\#}$	$9^{\#}$	$10^{\#}$	$11^{\#}$	$12^{\#}$
骨架	高压聚乙烯	—	10	—	15	9	8
	低压聚乙烯	—	10	10	—	—	8
	EVA 树脂	19.9	6.9	1	5	5	4
	聚丙烯树脂	—	—	2	—	1	1
杀菌剂	十二烷基二甲基苄基氯化铵	—	—	—	2	—	—
	十二烷基二甲基苄基溴化铵	—	4	—	—	—	1
	十四烷基二甲基苄基氯化铵	—	—	—	—	—	1
	二氧化氯	—	—	2	—	—	—
(1)	六偏磷酸钠	—	—	—	—	5	—
	三聚磷酸钠	—	—	—	—	—	4.6
(2)	丙烯酸—丙烯酸酯共聚物	—	—	13	—	—	0.4
	膦酸基羧酸共聚物	0.1	—	—	1	3	—
	丙烯酸—磺酸共聚物	—	0.1	1	—	2	—

表3　$13^{\#}$配方～$19^{\#}$配方

原料		配比（质量份）						
		$13^{\#}$	$14^{\#}$	$15^{\#}$	$16^{\#}$	$17^{\#}$	$18^{\#}$	$19^{\#}$
有机磷酸盐	氨（氮）基三甲基膦酸盐	—	49	39	36	60	80	70
	羟基亚乙基二膦酸盐	56	12	35	10	—	—	—
	乙二胺四亚甲基膦酸钠盐	10	10	—	—	—	—	10
	1,2－二亚乙基三胺五亚甲基膦酸盐	8	4	—	5	—	—	—
	三亚乙基四胺六亚甲基膦酸盐	—	—	5.5	3	—	—	—

续表

原料		配比(质量份)						
		13#	14#	15#	16#	17#	18#	19#
骨架	高压聚乙烯	—	13	—	11	30	20	—
	低压聚乙烯	4	—	11	—	—	—	—
	EVA 树脂	16	2	4	—	10	—	30
	聚丙烯树脂	—	1	5	5	—	—	—
杀菌剂	十二烷基二甲基苄基氯化铵	—	—	—	5	—	—	—
	十二烷基二甲基苄基溴化铵	—	5	—	4	—	—	—
	十四烷基二甲基苄基氯化铵	—	—	—	—	—	—	—
	二氧化氯	—	—	—	—	—	—	—
(1)	六偏磷酸钠	2	—	—	20	—	—	—
	三聚磷酸钠	2	—	—	—	—	—	—
(2)	丙烯酸—丙烯酸酯共聚物	—	—	—	0.2	—	—	—
	膦酸基羧酸共聚物	—	1	—	0.8	—	—	—
	丙烯酸—磺酸共聚物	2	3	0.5	—	—	—	—

注　(1)是指无机磷酸盐;(2)是指多元共聚物。

【制备方法】　将上述各物料在常温下搅拌均匀后,经过挤出机挤出,骨架物料呈熔融状态,装入模具后,在5~50MPa的压力下成型即为块状缓慢溶解型的防垢块产品。

为了便于在油井的井下使用,一般可压制成规格为$\Phi 60\times 80$、$\Phi 80\times 80$的圆柱状固体。

【产品应用】　本品适用于油气田油井产、集、输含油污水介质和注水系统,可防止设施结垢。

【产品特性】　本品是在上修作业时,将防垢块工作筒连接在抽油泵下筛管的底端，并用隔板将两者隔离开来。随着修井作业的完成，防垢块也一同下到井下。防垢块浸泡在产出液中，并开始缓慢释放出阻垢成分，与水中的硬度离子反应生成稳定的络合物，其溶解周期为300天左右。它具有省时、省力、节约开支、人为因素很小、效果稳定的优点，是液体阻垢产品的换代产品。

本品与防腐块、防蜡块可以混合使用，在一口井中同时起到防腐蚀、防结垢和防结蜡的多重效果。

第三章　阻垢剂

实例1　缓蚀阻垢剂(1)

【原料配比】

原　　料	配比(质量份)		
	1#	2#	3#
硫酸锌	3.75	5.00	6.25
丙烯酸—丙烯酸酯类共聚物	7.50	8.50	9.00
1-羟基亚乙基-1,1-二磷酸	8.50	10.25	11.5
苯并三氮唑	1.00	1.25	1.50

【制备方法】 将各组分混合均匀即可。缓蚀阻垢剂 pH 值(1%水溶液)为0.98~1.23;密度为(1.30±0.10)g/cm^3。

【产品应用】 本品主要用于高硬度、高碱度的循环水系统的缓蚀阻垢,是在炼油厂表面蒸发空冷冷却水系统中使用的表面蒸发空冷专用缓蚀阻垢剂。使用浓度为25mg/kg。

【产品特性】 本产品具有优异的缓蚀阻垢性能,受浊度影响小,pH 值适应范围宽,在循环水水质比较恶劣的情况下仍然表现出良好的缓蚀阻垢性能。同时本品的耗药量也得到了降低(传统配方药剂运行浓度为50mg/kg左右,而本品的运行浓度25mg/kg)。

实例2　缓蚀阻垢剂(2)

【原料配比】

原　　料	配比(质量份)	
	1#	2#
膦羧酸	30	20
羟基亚乙基二膦酸	15	5

续表

原　　料	配比(质量份)	
	1#	2#
丙烯酸—丙烯酸酯—磷酸—磺酸四元共聚物	25	50
硫酸锌(或氯化锌)	5	9.5
苯并三氮唑	—	1
甲基苯并三氮唑	—	0.5
水	22	10
盐酸	3	4

【制备方法】 将以上各原料按比例放入反应釜中，搅拌均匀，即得成品。

【产品应用】 本品可用于工业循环冷却水系统，尤其适合于高浓缩倍数、高硬度、高 pH 值(7.8～9.2)的循环冷却水系统。

【产品特性】 本品性能优良，适用范围广泛，在高 pH 值范围或者 pH 值自然平衡条件下均可使用，对碳钢、不锈钢、铜材质的循环冷却水系统有优良的缓蚀效果；在长期稳定高浓缩倍数条件下长期运行稳定，既节约用水，又节约水处理剂，并且与现有的杀菌剂兼容性好。本品克服了在低浓缩倍数下，循环水系统设备易腐蚀的问题。

实例3　缓蚀阻垢剂(3)

【原料配比】

原　　料	配比(质量份)				
	1#	2#	3#	4#	5#
羟基膦基乙酸化合物	20	30	15	5	15
有机膦酸化合物	15	4	2	20	2
膦羧酸化合物	2.5	2	20	12	10

续表

原料	配比(质量份)				
	1#	2#	3#	4#	5#
锌盐	10	4	7.5	4	8
助溶剂	4	—	—	—	—
氮唑类物质	—	1	2.5	—	4.5
水	48.5	59	53	59	60.5

【制备方法】 在常温下将以上各原料按比例依次加入容器里,搅拌均匀即可得到成品。

【注意事项】 本品羟基膦基乙酸化合物为主剂,可以是2-羟基膦基乙酸(HPAA)及其钾盐(HPAAK)、钠盐(HPAANa)、铵盐($HPAANH_4$),是一种高效缓蚀剂。

有机膦酸化合物可以是氨基三亚甲基膦酸(ATMP)、乙二胺四亚甲基膦酸(EDTMP)、羟基亚乙基二膦酸(HEDP)及它们的钾盐(ATMPK、EDTMPK、HEDPK)、钠盐(ATMPNa、EDTMPNa、HEDPNa)、铵盐($ATMPNH_4$、$EDTMPNH_4$、$HEDPNH_4$)。

膦羧酸化合物可以是1,3,3-三膦酸基戊酸(TPPA)、膦基丁烷-1,2,4-三羧酸(PBTC)及它们的钾盐(TPPAK、PBTCK)、钠盐(TPPANa、PBTCNa)、铵盐($TPPANH_4$、$PBTCNH_4$),是一种高效阻垢剂。

锌盐可以是硫酸锌或氯化锌,是一种常用的缓蚀剂。

氮唑类物质可以是苯并三氮唑(BZT)、巯基苯并噻唑(MBT)。

助溶剂可以选自冰醋酸、二甲基甲酰胺、乙醇等物质。

【产品应用】 本品可用于石油化工、火力发电、冶金等行业循环冷却水(包括硬度<20mg/L的超低硬度循环冷却水)的处理。

【产品特性】 本品容易复配,稳定性好,在较低的添加量下具有优异的缓蚀和阻垢性能;使用方便,操作管理容易,可以直接加入循环系统管网中,不需要预先对冷却水进行补钙、补碱,调节pH值,且处理效果好;不含有毒化合物及无机磷酸盐,磷含量低,可以减少水体富营养污染，有利于环境保护。

实例4　缓蚀阻垢剂(4)

【原料配比】

原　　料	配比(质量份)
巯基苯并噻唑	6
羟基亚乙基二膦酸	25
丙烯酸—丙烯酸酯磺酸盐共聚物	6
腐殖酸钠	1.5
木质素	0.8
氢氧化钠	5
水	60

【制备方法】　将各组分依次加入水中，搅拌混合均匀即可。

【产品应用】　本品适用于中央空调、冷却水系统。

【产品特性】　本产品加入循环水系统后能在设备或管路表面迅速形成一层致密的保护膜，有效地起到缓蚀、阻垢的效果。

实例5　缓蚀阻垢剂(5)

【原料配比】

原　　料	配比(质量份)		
	1#	2#	3#
SN150 润滑油基础	30	—	—
SN350 润滑油基础	—	—	30
石油磺酸钠	20	30	—
石油磺酸钡	—	—	20
1-羟基-次乙基-1,1-二膦酸	—	18	—
2-氨乙基十七烯基咪唑啉	—	—	5

续表

原料	配比(质量份)		
	1#	2#	3#
失水山梨糖醇单油酸酯	5	—	—
羊毛脂镁皂	2.5	—	2.5
氧化石油脂钡皂	2.5	—	2.5
铬酸钠	—	12	—
氢氧化钠	—	2.5	—
聚丙烯酸钠	1.5	2.5	—
硅酸钠	0.5	0.5	0.5
聚环氧琥珀酸	1	—	1.5
聚马来酸	—	—	1
油酸三乙醇胺	—	—	15
油酸钠	10	10	—
三乙醇胺	10	10	—
吐温-80	4	4	4
脂肪醇聚氧乙烯醚	3	3	3
水	加至100	加至100	加至100

【制备方法】 将液态介电疏水物质、油溶性缓蚀剂、水溶性分散剂、复合化乳化剂按比例混合搅匀即得到颜色透明、均一稳定的黏稠状液体。

【注意事项】 所述液态介电疏水物质包括牌号为100SN、150SN、350SW在内的润滑油基础油。

所述油溶性缓蚀剂包括烷基磺酸盐、失水山梨糖醇羧酸酯、羊毛脂及其金属皂类、氧化石油脂及其金属皂类、咪唑啉及其衍生物中的一种或两种或两种以上混合物,所述烷基磺酸盐包括石油磺酸钠、石油磺酸钡、二壬基萘磺酸钡,所述失水山梨糖醇羧酸酯包括失水山梨糖醇单油酸酯、失水山梨糖醇硬酸酯,所述羊毛脂及其金属皂类包括镁皂、钡皂,所述咪唑啉及其衍生物包括 2 - 胺乙基十七烯基咪唑啉、*N* - 油酸肌氨酸、1 - (2 - 氨乙基) - 2 - 十七烯基咪唑啉盐。

所述水溶性分散剂包括聚丙烯酸、聚丙烯酸钠、聚马来酸、聚天冬氨酸,包括硅酸钠在内的硅酸盐以及包括聚环氧琥珀酸在内的聚环氧羧酸类。

所述复合化乳化剂是由阴离子型表面活性剂和非离子型表面活性剂以(1 ~ 50) ∶ 1 的质量比组合而成,所述阴离子型表面活性包括羧酸盐、烷基磺酸盐、羧酸醇胺中的一种、两种或两种以上混合物。其中所述羧酸盐包括油酸钠,所述烷基磺酸盐包括石油磺酸钠、石油磺酸钡,所述羧酸醇胺包括油酸三乙醇胺。所述非离子型表面活性剂包括失水山梨糖醇脂肪酸聚乙烷醚、聚氧乙烯烷基酚醚、聚氧乙烯烷基醇醚在内的一种或两种或两种以上混合物,其中失水山梨糖醇脂肪酸聚乙烯醚包括失水山梨糖醇硬脂酸聚氧乙烯醚。

【产品应用】　在工业循环冷却水系统或锅炉水系统中直接加入本产品,添加量为 5 ~ 500mg/kg。

【产品特性】　本产品的独特之处在于含有液态介电疏水物质与特制的复合化乳化剂,使之以很低的剂量加入水体中后,能使携带油溶性缓蚀剂的液态介电疏水物质以高度分散的亚稳定状态存在于水体中,并能在与金属表面接触后优先在该固液界面(或给热界面)发生自富集形成高阻疏水膜,使得缓蚀阻垢剂在固液界面的局部浓度达到很高的数值,比水体内部中的实际深度大许多倍,使药效得以超发挥,进而最大限度地节约用药,使之能在 5 ~ 500mg/kg 的低剂量下起到很好的缓蚀阻垢作用。在金属表面形成的高阻疏水液膜的高阻性对于削弱金属表面的腐蚀电池作用特别有利,再加上油溶性缓蚀剂在该液膜内的富集,就能最有效地抑制金属锈蚀的发生;此外在金属表面形成的高阻疏水液膜的疏水性对阻止亲水性无机盐垢的成核与生长过程十分有用,再加上水溶性分散剂的协同增效作用,则完全可以很好地抑制污垢在金属表面形成附着,因而无须添加磷系阻垢剂,同样可以具有很好的抑制结垢的效果,这样当循环水污水排放时就不会存在对环境的磷污染。由于缓蚀阻垢水处理剂不含磷,对铜合金无侵蚀性,故对铜合金的缓蚀效果特别优越。

实例6 低磷复合缓蚀阻垢剂(1)

【原料配比】

原料	配比(质量份)			
	1#	2#	3#	4#
膦酸丁烷-1,2,4-三羧酸(PBTCA)	10	15	10	15
膦酰基羧酸共聚物(POCA)	15	15	10	5
聚环氧琥珀酸(PESA)	5	10	10	15
水解聚马来酸酐(HPMA)	2.5	2.5	3	15
丙烯酸—丙烯酸羟丙酯共聚物(T-225)	2.5	2.5	5	15
七水合硫酸锌	15	15	12	5
苯并三氮唑(BTA)	1	3	0.5	2.5
水	49	37	48.5	32.5

【制备方法】 将水加入混合罐中,依次加入各组分(七水合硫酸锌除外),搅拌均匀,使各组分溶于水后再加入七水合硫酸锌,搅拌均匀,即得无色或茶色透明黏性液体产品。

【注意事项】 本品膦酰基羧酸共聚物是由丙烯酸、2-丙烯酰胺二甲基丙磺酸和亚磷酸通过调聚反应而制得的聚合物,反应中丙烯酸、2-丙烯酰胺二甲基丙磺酸和亚磷酸三种反应物的投料比为(60~70):(12~25):15。

锌盐可以是氯化锌或七水合硫酸锌。

分散剂包括聚环氧琥珀酸(PESA)、水解聚马来酸酐(HPMA)、聚丙烯酸(PAA)和丙烯酸—丙烯酸羟丙酯共聚物(T－225)中的两种或多种混合物。

膦羧酸是指2－膦酸丁烷－1,2,4－三羧酸,具有良好的钙螯合和锌配位能力。在非软化水系统中,PBTCA易与Ca^{2+}、Mg^{2+}作用并沉积在黑色金属表面,对金属起到保护作用。

有色金属缓蚀剂包括苯并三氮唑(BTA)、甲基苯并三氮唑(TAA)和巯基苯并噻唑(MBT)等。

【产品应用】　本品适用于中低硬度工业循环冷却水系统,特别适用于腐蚀性水质和碳钢材质。

【使用方法】　直接向工业循环冷却水系统中加入本品,投加量根据水质、浓缩倍数及本复合药剂中活性含量的不同而不同。

【产品特性】　本品以膦酰基羧酸共聚物POCA作为锌离子稳定剂,保证了锌离子作为阴极缓蚀剂的作用效率,提高了锌离子的缓蚀效果,减少了锌盐的投加量,降低了重金属锌和含膦(磷)有机物对环境的污染。同时以PBTCA作为吸附膜型缓蚀剂、PBTCA与钙(镁)离子的配合产物作为沉淀膜型缓蚀剂,与锌离子阴极缓蚀剂协同作用,在硬度较低的腐蚀性水质中对碳钢达到理想的缓蚀效果。

实例7　低磷复合缓蚀阻垢剂(2)

【原料配比】

原　料	配比(质量份)							
	1#	2#	3#	4#	5#	6#	7#	8#
膦酸丁烷－1,2,4－三羧酸(PBTCA)	4	—	6	5	3	—	—	—
丙烯酸—丙烯酸羟丙酯共聚物(T225)	60	—	26.7	30	20	15	15	20
2－羟基膦酰基乙酸(HPAA)	—	5	—	—	2.5	4	4	5

续表

原 料	配比(质量份)							
	1#	2#	3#	4#	5#	6#	7#	8#
丙烯酸/2－甲基－2′－丙烯酰胺基丙烷磺酸共聚物(AA/AMPS)	—	30	—	—	16.7	—	15	—
聚丙烯酸	—	—	—	13.3	—	—	15	—
聚马来酸酐	—	—	—	—	—	14	14	—
聚天冬氨酸	5	—	20	—	15	10	10	15
聚环氧琥珀酸	—	50	10	10	10	10	10	10
七水合硫酸锌	—	—	—	—	—	—	—	4.4
水	31	15	37.3	41.7	32.8	47	17	45.6

注 PBTCA 有效含量为50%,HPAA 有效含量为40%,T225 固含量为30%,AA/AMPS 固含量为30%,聚丙烯酸固含量为30%,聚马来酸酐固含量为50%,聚天冬氨酸固含量为40%,聚环氧琥珀酸固含量为40%。

【制备方法】 本品可用常规方法制备,各组分的加料次序并不重要,例如可以将 PBTCA 和/或 HPAA、含羧酸基共聚物、聚天冬氨酸和/或聚环氧琥珀酸、铜材缓蚀剂和锌盐以及水按比例混合,即可制得产品。

【注意事项】 本品包括2－膦酸基丁烷－1,2,4－三羧酸和/或2－羟基膦酸基乙酸、聚天冬氨酸和/或聚环氧琥珀酸和含羧酸基聚合物。

所述含羧酸基聚合物为均聚物、二元共聚物或三元共聚物,优选为至少一种选自聚丙烯酸、聚马来酸酐、丙烯酸(AA)—丙烯酸羟丙酯(HPA)共聚物(T225)、丙烯酸—丙烯酸羟丙酯—丙烯酸甲酯共聚物、马来酸(酐)—苯乙烯磺酸共聚物、丙烯酸—苯乙烯磺酸共聚物、丙烯酸酯—苯乙烯磺酸共聚物、马来酸(酐)—烯丙基磺酸共聚物、丙烯酸—烯丙基磺酸共聚物、丙烯酸—乙烯磺酸共聚物、丙烯酸—2－甲基-2′-丙烯酰胺基丙烷磺酸(AMPS)共聚物、丙烯酸—丙烯酰胺—2-甲基-2′-丙烯酰胺基丙烷磺酸共聚物、丙烯酸—丙烯酸酯—2-甲基-2′-丙烯酰胺基丙烷磺酸共聚物、丙烯酸—马来酸—2-甲基-2′-丙烯酰胺基丙烷磺酸共聚物、丙烯酸—2-丙烯酰胺基—2-甲基丙烷膦酸—2-甲基-2′-丙烯酰胺基丙烷磺酸共聚物。所述丙烯酸酯优选自丙烯酸 $C_1 \sim C_8$ 酯,更优选自丙烯酸甲酯、丙烯酸乙酯、丙烯酸羟丙酯。

【产品应用】 本品适用于循环冷却水系统,特别适合钙硬度与总碱度之和为 100~300mg/L 的中等硬度、中等碱度水质的不调 pH 值循环冷却水的处理。

【产品特性】 本品具有优良的阻 $CaCO_3$ 垢功能,还有良好的稳定水中 Zn^{2+} 的能力和缓蚀性能,同时能降低常用有机膦药剂因磷含量高而对环境的危害,满足日益严格的环保要求。

本品因其中 PBTCA、HPAA 磷含量低且用量较少,可使阻垢缓蚀剂在循环水中总磷(以 PO_4^{3-} 计)含量≤1mg/L。

实例 8　低硬度循环水缓蚀阻垢剂

【原料配比】

1#配方:2-膦基-6-磺酸-1,2-二羧酸己烷(PSHD)

原　料	配比(质量份)
马来酸二甲酯	358
冰醋酸	180
亚磷酸三甲酯	333
甲苯	250(体积份)
KH	13.6
二溴丁烷	52
Na_2SO_3	5.8
水	42
浓盐酸	15(体积份)

2#配方～7#配方:阻垢剂

原料		配比(质量份)					
		2#	3#	4#	5#	6#	7#
含磺酸的有机膦羧酸	PSOD	10	20	15	20	—	—
	PSODNa	—	—	—	—	20	—
	PSHD	—	—	—	—	—	20
羟基膦基乙酸化合物	HPAA	30	15	15	15	—	15
	HPAANa	—	—	—	—	10	—
有机膦化合物	ATMP	4	—	—	—	—	—
	EDTMP	—	—	2	2	—	—
	HEDP	—	4	—	—	—	2
	HEDPNa	—	—	—	—	4	—
氯化锌		10	—	—	—	—	—
硫酸锌		—	4	4	7.5	4	4
苯并三氮唑(BZT)		—	—	4.5	—	—	2.5
水		46	57	59.5	55.5	62	56.5

【制备方法】

1. 1#配方的制备方法

(1)向容器中加入马来酸二甲酯、冰醋酸,于搅拌下升温至60℃,滴加亚磷酸三甲酯,控制反应温度保温24h,减压蒸馏除去生成的乙酸甲酯和过量的冰醋酸,得中间体。

(2)在容器中,将41g中间体滴加到悬浮在甲苯中的KH中,室温下搅拌30min,加入二溴丁烷,升温回流4h。冷却反应混合物,用2% H_2SO_4洗涤,用$MgSO_4$干燥,减压蒸馏,除去轻组分,得卤化的膦羧酸酯。

(3)向容器中加入卤化的膦羧酸酯13份、Na_2SO_3和水,回流5h,得澄清黄色液,即为磺化的膦羧酸酯。加入浓盐酸,回流40h,得澄清液，经减压蒸馏除去 HCl 和生成的甲醇，得产物 PSHD。

2. 阻垢剂的制备（以 2#配方为例）：将 HPAA、PSOD、ATMP、氯化锌和水依次加入容器中，搅拌均匀即得所需阻垢剂。

【注意事项】 含磺酸的有机膦羧酸是自制的产品，优选 2－膦基－5－磺酸－1，2－二羧酸戊烷（PSPD）、2－膦基－6－磺酸－1，2－二羧酸己烷（PSHD）、2－膦基－7－磺酸－1，2－二羧酸庚烷（PSHPD）、2－膦基－8－磺酸－1，2－二羧酸辛烷（PSOD）、2－膦基－1，2－磺酸－1，2－二羧酸十二烷（PSDD）。

羟基膦基乙酸化合物可以是 2－羟基膦基乙酸（HPAA）及其钾盐、钠盐和铵盐。该类化合物是一种高效缓蚀剂。

有机膦酸化合物选自氨基三亚甲基膦酸（ATMP）、乙二胺四亚甲基膦酸（EDTMP）、羟基亚乙基二膦酸（HEDP）以及它们的钾盐、钠盐、铵盐等。

锌盐是氯化锌或硫酸锌。

本复合剂也可以含有氮唑类物质，其含量为 0～5。所述氮唑类物质可以是苯并三氮唑（BZT）、巯基苯并噻唑（MBT）。该物质对抑制铜腐蚀具有较好的效果。

本复合剂还可以含有助溶剂，其加入量为 0～5。所述助溶剂可以是冰醋酸、二甲基甲酰胺和乙醇等物质。以发挥增溶作用，使复合剂更易复配。

【产品应用】 本品适用于处理低硬度循环冷却水。

【使用方法】 本复合剂在循环水中的使用浓度可以是 0.1～100mg/L，优选 10～60mg/L。

【产品特性】

（1）该剂不仅有优良的阻碳酸钙垢性能，而且有优良的阻磷酸钙垢性能。

（2）产品不含聚合物，复配容易，稳定性好，与不含聚合物的现有配方相比，处理低硬度和低碱度水质有更好的阻垢分散效果。

（3）本品不含无机磷酸盐，可以防止磷酸钙垢沉淀，减少水体富营养污染，而且不含有毒的铬酸盐，有利于环境保护。

(4)使用方便,可将本品直接加入循环水管网中,无须预处理,操作简单,管理容易。

实例9 中高硬度循环水缓蚀阻垢剂

【原料配比】

1#配方:2-膦基-6-磺酸-1,2-二羧酸己烷(PSHD)

原料	配比(质量份)
马来酸二甲酯	358
冰醋酸	180
亚磷酸三甲酯	333
甲苯	250(体积份)
KH	13.6
二溴丁烷	52
膦羧酸酯	13
Na_2SO_3	5.8
水	42
浓盐酸	15(体积份)

2#配方~5#配方:阻垢剂

原料	配比(质量份)			
	2#	3#	4#	5#
PSOD	8	—	—	—
PSDD	—	26	—	—
PSHD	—	—	25	—
PSHPD	—	—	—	20
HEDP	8	13	5	4
硫酸锌	10	17	12	—

续表

原　料	配比(质量份)			
	2#	3#	4#	5#
氯化锌	—	—	—	8
丙烯酸共聚物	8	7	10	8
水	66	37	48	60

注　2#配方、3#配方为丙烯酸—2-丙烯酰胺基-2-甲基丙磺酸共聚物(RP-33),4#配方为丙烯酸/烯丙基膦酸共聚物(RP-92),5#配方为丙烯酸—马来酸—2-丙烯酰胺基-2-甲基丙磺酸共聚物(RP-31)。

【制备方法】

1. 1#配方的制备

(1)取容器,加入马来酸二甲酯、冰醋酸,搅拌下升温至60℃,滴加亚磷酸三甲酯,控制反应温度保温24h,减压蒸馏除去生成的乙酸甲酯和过量的冰醋酸,得中间体。

(2)在容器中,将41g中间体滴加到悬浮在甲苯中的KH中,室温下搅拌30min,加入二溴丁烷,升温回流4h。冷却反应混合物,用2% H_2SO_4洗涤,用$MgSO_4$干燥,减压蒸馏,除去轻组分,得卤化的膦羧酸酯。

(3)在容器中,加入卤化的膦羧酸酯、Na_2SO_3和水,回流5h,得澄清黄色液,即为磺化的膦羧酸酯。加入浓盐酸,回流40h,得澄清液,经减压蒸馏除去HCl和生成的甲醇,得产物PSHD。

2. 阻垢剂的制备(以2#配方为例)

将PSOD、HEDP、硫酸锌、RP-33和水依次加入容器中,搅拌均匀即得所需复合剂。

【注意事项】　含磺酸的有机膦羧酸是自制的产品,优选2-膦基-5-磺酸-1,2-二羧酸戊烷(PSPD)、2-膦基-6-磺酸-1,2-二羧酸己烷(PSHD)、2-膦基-7-磺酸-1,2-二羧酸庚烷(PSHPD)、2-膦基-8-磺酸-1,2-二羧酸辛烷(PSOD)、2-膦基-12-磺酸-1,2-二羧酸十二烷(PSDD)。

丙烯酸共聚物可以是丙烯酸—2-丙烯酰胺基-2-甲基丙磺酸共聚物、丙烯酸—马来酸共聚物、丙烯酸—马来酸—2-丙烯酰胺基-2-甲基丙磺酸共聚物、丙烯酸—3-丙烯酸酯-2-羟基丙磺酸共聚物、丙烯酸—丙烯酸羟丙酯共聚物、丙烯酸—烯丙基膦酸共聚物。

有机膦酸化合物选自氨基三亚甲基膦酸(ATMP)、乙二胺四亚甲基膦酸(EDTMP)、羟基亚乙基二膦酸(HEDP)以及它们的钾盐、钠盐、铵盐等。

【产品应用】 本品适用于处理中高硬度循环水。在循环水中的使用浓度为10~60mg/L。

【产品特性】 本品配比及工艺科学合理,采用新型含磺酸的膦羧酸化合物,其阻碳酸钙垢和阻磷酸钙垢性能都比常用有机膦酸有较大提高,兼具缓蚀作用,而且磷含量低,更符合环保要求。

实例10　复合缓蚀阻垢剂(1)

【原料配比】

原　料	配比(质量份)					
	1#	2#	3#	4#	5#	6#
去离子水	45	40	40	40	44	27
羟基亚乙基二膦酸(HEDP)	40	—	—	—	—	10
羟基膦基乙酸(HPAA)	—	5	5	5	5	5
膦基丁烷-1,2,4-三羧酸(PBTC)	—	4	4	4	—	—
H_2O_2(氧化剂)	5	—	—	—	—	—
高氯酸(氧化剂)	—	3	8	10	—	—
硝酸(氧化剂)	—	—	—	—	8	5
$Na_2MoO_4 \cdot 2H_2O$	10	—	—	—	—	—
钼酸铵	—	5	5	5	5	15

续表

原　料	配比(质量份)					
	1#	2#	3#	4#	5#	6#
聚合物阻垢剂	—	10	10	10	12	25
无水氯化锌	—	6	6	6	4	8
磷酸	—	2	2	2	2	5
葡萄糖酸钠	—	—	—	—	5	—
聚环氧琥珀酸	—	—	—	—	15	—

注　聚合物阻垢剂是指丙烯酸与2-丙烯酰胺基-2-甲基-丙磺酸的二元共聚物。

【制备方法】

1#配方的制备：在装有去离子水的200mL烧杯中，依次加入HEDP、H_2O_2，搅拌均匀后加入$Na_2MoO_4 \cdot 2H_2O$，混匀即得产品，转移至150mL磨口锥形瓶中，室温储存，待用。

5#配方的制备：取钼酸铵于200mL烧杯中，依次加入去离子水、葡萄糖酸钠、聚环氧琥珀酸、聚合物阻垢剂、无水氯化锌，搅拌溶解后，加入硝酸、磷酸、HPAA，混匀后即得产品，转移至150mL磨口锥形瓶中，室温储存，待用。

【注意事项】　有机膦可以是羟基亚乙基二膦酸(HEDP)、羟基膦基乙酸(HPAA)、膦基丁烷-1,2,4-三羧酸(PBTC)、氨基三亚甲基膦酸(ATMP)、乙二胺四亚甲基膦酸(EDTMP)及其钾盐、钠盐之一或其混合物、多元醇磷酸酯和聚醚醇胺类磷酸酯中的至少一种。

氧化剂选自下列物质中的至少一种：高氯酸、硝酸及其钾盐、钠盐、过氧化氢，优选硝酸、高氯酸。

赋形剂选自极性溶剂，例如水和醇类等，优选水或乙醇，特别优选水。赋形剂可以为单一物质，也可以为混合物。

无机缓蚀剂选自下列物质中的至少一种：磷酸、聚磷酸、硅酸、硼酸及其钾盐和钠盐以及氯化锌、硝酸锌和硫酸锌。

有机缓蚀剂选自下列物质中的至少一种:苯甲酸、柠檬酸、酒石酸、琥珀酸、葡萄糖酸、月桂酸肌氨酸及其钾盐和钠盐。

聚合物阻垢剂选自下列物质中的至少一种:聚丙烯酸或盐、水解聚马来酸酐、聚天冬氨酸、聚环氧琥珀酸、丙烯酸与丙烯酸甲酯或羟丙酯的二元共聚物、丙烯酸与2-丙烯酰胺基-2-甲基丙磺酸的二元共聚物、丙烯酸与2-丙烯酰胺基-2-甲基丙磺酸和马来酸酐的三元共聚物、丙烯酸与丙烯酸甲酯和丙烯酸羟丙酯的三元共聚物之一或它们的混合物。

【产品应用】 本品适用于高温、高 pH 值和高硬度水的缓蚀阻垢。

【产品特性】 本品原料配比及工艺科学合理,产品质量稳定,性能优良,使用效果显著,符合环保要求。

实例11 复合缓蚀阻垢剂(2)

【原料配比】

原料		配比(质量份)		
		1#	2#	3#
羟基膦基乙酸化合物(1)	2-羟基膦基乙酸(HPAA)	8	6	3
异丙烯基膦酸聚合物	异丙烯基膦酸与丙烯酸共聚物	15	—	—
	异丙烯基膦酸与丙烯酸-β-羟丙酯共聚物	—	10	—
	异丙烯基膦酸与甲基丙烯酸共聚物	—	—	5
助溶剂	冰醋酸	4	—	—
	异丙醇	—	—	2
AMPS/AA		5	10	25
PBTC(膦羧酸化合物)		8	4	—

续表

原　料	配比(质量份)		
	1#	2#	3#
无机磷化合物	—	2	5
氯化锌(锌盐)	2.1	4.2	8.4
BZT(氮唑类物质)	—	1	1
水	57.9	62.8	50.6

【制备方法】 在常温下将各组分按比例加入容器里，搅拌均匀，即得产品。

【注意事项】 羟基膦基乙酸化合物为本品的主剂，包括2－羟基膦基乙酸（HPAA）及其钾盐（HPAAK）、钠盐（HPAANa）、铵盐（$HPAANH_4$）。

异丙烯基膦酸或其盐的聚合物为本品的主剂，包括异丙烯基膦酸的均聚物，异丙烯基膦酸与选自丙烯酸、甲基丙烯酸、丙烯酸－β－羟乙酯、丙烯酸－β－羟丙酯、丙烯酰胺和马来酸酐中的一种或两种化合物形成的二元或三元共聚物以及它们的钾盐和钠盐。聚合物数均分子量一般为3000～50000。该类聚合物是一种兼具缓蚀性能的高效阻垢分散剂，与锌盐复配后，对低硬度水质中的碳钢缓蚀作用十分明显。

锌盐包括硫酸锌（$ZnSO_4 \cdot 7H_2O$）、氯化锌（$ZnCl_2$）。锌盐是一种常用的缓蚀剂，通常要与其他类型缓蚀剂混合使用。

2－丙烯酰胺基－2－甲基丙磺酸与丙烯酸的共聚物（AMPS/AA）是一种高效阻垢分散剂，具有良好的阻磷酸钙垢和稳锌的作用。

无机磷化合物是缓蚀剂，包括磷酸（H_3PO_4）及其一、二、三钾盐（KH_2PO_4、K_2HPO_4、K_3PO_4），钠盐（NaH_2PO_4、Na_2HPO_4、Na_3PO_4）和铵盐[$NH_4H_2PO_4$、$(NH_4)_2HPO_4$、$(NH_4)_3PO_4$]。

膦羧酸化合物是高效缓蚀阻垢剂，包括1,3,3－三膦酸基戊酸（TPPA）、2－膦基丁烷－1,2,4－三羧酸（PBTC）及它们的钾盐（TPPAK、PBTCK）、钠盐（TPPANa、PBTCNa）和铵盐（$TPPANH_4$、PBTC-

NH_4)。

氮唑类物质包括苯并三氮唑(BZT)、巯基苯并噻唑(MBT),该类物质对抑制铜缓蚀具有较好的效果。

助溶剂可以选自冰醋酸、二甲基甲酰胺、乙醇、异丙醇等。

【产品应用】 本品适用于石油化工、火力发电、冶金等行业循环冷却水系统,特别是对苛刻换热器具有更好的处理效果。

本品特别适用于处理钙硬度<20mg/L、碱度<45mg/L的超低硬度、低碱度循环冷却水。对此类强腐蚀性水质可直接进行处理,不需要补钙补碱,单一复合剂投加,加入量为90~110mg/L。

【产品特性】

(1)各组分之间具有良好的协同性,使得复合剂具有优异的缓蚀和阻垢性能。

(2)无机磷、锌盐含量低,一方面可以防止药剂垢沉积,另一方面可减少水体富营养和重金属污染,有利于环境保护。

(3)组分复配容易,稳定性好,处理循环冷却水时可直接将其加入循环系统管网中,在操作和管理上十分方便,确保处理效果。

实例12 复合缓蚀阻垢剂(3)

【原料配比】

原料	配比(质量份)				
	1#	2#	3#	4#	5#
丙烯酸与AMPS的二元共聚物(RP-35)	20	28	—	20	20
丙烯酸与烯丙基羟丙磺酸、丙烯酸酯的三元共聚物(RP-21)	—	—	20	—	—
己六醇多元醇磷酸酯(PC-604)	20	15	20	20	30

续表

原　　料	配比(质量份)				
	1#	2#	3#	4#	5#
锌盐($ZnSO_4 \cdot 7H_2O$)	19.5	18	18	18	18
羟基亚乙基二膦酸(HEDP)	5	—	—	—	—
膦基丁烷-1,2,4-三羧酸(PBTC)	5	4	8	—	—
羟基膦基乙酸(HPAA)	—	4	8	—	8
苯并三氮唑(BZT)	0.5	0.5	0.5	—	0.5
去离子水	30	30.5	25.5	42	15.5

【制备方法】 将以上各组分依次加入带搅拌的耐酸容器中，搅拌均匀即得产品。

【产品应用】 本品适用于钙硬为0～15mg/L的软化循环水处理。

【使用方法】 使用时循环水系统可以经过预膜处理，也可以不经过预膜处理，将复合剂按照给定的浓度直接加入循环水系统，使用浓度为25～45mg/L。

【产品特性】

(1)复合剂中不含亚硝酸盐和铬酸盐等有毒的物质，使用安全，不污染环境。

(2)复合剂中不含无机聚磷酸盐和胺类物质，有利于循环水中微生物控制，也减轻排放时对环境富营养化污染。

(3)复合剂中不含钼酸盐等价格昂贵的物质，使复合剂的价格低廉。

(4)复合剂采用多元醇磷酸酯和锌盐等缓蚀剂，处理效果好，碳钢类金属的腐蚀速率可以小于0.025mm/年，达到亚硝酸盐类缓蚀剂的处理效果。

(5)复合剂中含有新型高效的羧磺酸共聚物等阻垢分散剂，对循环水中无机盐和腐蚀产物在高温传热面上的沉积有良好的抑制作用，阻垢率可以达到100%。

(6)使用浓度较亚硝酸盐类缓蚀剂大幅度降低,使软化循环水中的盐含量显著降低。

实例13 复合缓蚀阻垢剂(4)

【原料配比】

原料			配比(质量份)					
			1#	2#	3#	4#	5#	6#
阻垢组分	有机膦酸盐	HEDP	9	8	—	—	—	6
		PBTC	—	—	12	—	—	—
		ATMP	—	—	—	8.2	—	—
		EDTMP	—	—	—	—	—	—
		DTPMP	—	—	—	—	11	—
	丙烯酸—丙烯酸酯共聚物		7.6	8.6	6.6	9	8.3	8.6
	膦酰化聚马来酸酐		18	6	8	12	14	6
缓蚀组分	氨基酸	L-天冬氨酸	16	—	—	—	—	24
		酪氨酸	—	19	—	—	—	—
		甘氨酸	—	—	25	—	—	—
		谷氨酸	—	—	—	18	—	—
		赖氨酸	—	—	—	—	16	—
	腐殖酸钠		0.7	—	1	1	0.8	0.8
	腐殖酸钾		—	1.2	—	—	—	—
	苯并三氮唑		1.4	1	1.6	1	1.1	1.1
	氢氧化钠		10	12	8	9.8	—	8
	氢氧化钾		—	—	—	—	14	—
去离子水			37.3	44.2	37.3	41	34.8	45.6

【制备方法】 取上述各组分,在室温下置于容器中搅拌混合均匀,即得产品。

【注意事项】 所述阻垢组分由膦酰化聚马来酸酐、丙烯酸—丙烯酸酯共聚物、有机膦酸盐中的一种或几种构成。

所述缓蚀组分由氨基酸、腐殖酸钠/钾、苯并三氮唑、氢氧化钠/钾中的一种或几种构成。

有机膦酸盐可以是氨基三亚甲基膦酸(ATMP)、1-羟基乙烷-1,1-二膦酸(HEDP)、乙二胺四亚甲基膦酸(EDTMP)、2-膦酸基-1,2,4-三羧酸丁烷(PBTC)中的一种或几种。

【产品应用】 本品适用于高硬高碱水质的循环冷却水处理。

【使用方法】 使用时,冷却水水质无须做任何预处理,只需将制备好的复合阻垢缓蚀剂按所需浓度加入循环水系统的管网中即可。

【产品特性】

(1)本品配方为低磷配方,使用过程中不易形成磷酸钙垢。

(2)将生化技术及表面技术与传统的水质稳定技术相结合,有效地改善了换热器金属界面的阻垢与防腐性能,尤其针对我国北方地区高硬度、高碱度水质容易结垢的行业难点问题,使得循环冷却水能够在超浓缩(浓缩倍数≥5)条件下运行,节约了大量的水资源。

(3)本品在提高浓缩倍数时,无须加酸处理,采用自然 pH 值运行,既节约了设备投资,简化了操作程序,又有利于提高设备寿命,保证系统的安全运行。

(4)本品同时具有净化水质的功能,解决了由于循环水水质恶化造成的一系列危害循环水正常运行的问题,使循环水系统能更清洁地运行,对环境保护也有很大的促进作用。

(5)本品制备工艺简单,使用方便,用量少,成本低,有利于降低循环水的运行成本和加强循环水的管理。

实例14 高效缓蚀阻垢剂

【原料配比】

原料	配比(质量份)	
	1#	2#
多元醇磷酸酯	30~40	30~35
硫酸锌	15~30	15~20
丙烯酸—丙烯酸酯—磺酸盐共聚物	5~10	5~8
水	加至100	加至100

【制备方法】 将配方中各组分加入容器中,搅拌混合均匀即可。

【产品应用】 本品适用于炼油厂、化工厂、化肥厂、空调系统和铜质换热器等循环冷却水系统,特别适于作为油田注水操作过程中的阻垢剂。

【使用方法】 加入本品10~20mg/L能防止结垢,加入量再高些还具有良好的缓蚀效果,一般可在pH值为7~8.5下使用。

【产品特性】

(1)产品分子中引入多个聚氧乙烯基,提高了缓蚀性能和对钙垢和泥沙的分散能力,还消除了对磷酸酯由于磷氧链易水解的缺点,稳定性好。

(2)本品对炼油厂的含油冷却水的水质控制有独特的效果。

(3)本品对季铵盐类型的非氧化性杀菌灭藻剂不会产生离子缔合物沉淀而降低两者的药效。

(4)本品对稳定冷却水中锌离子具有独特的效果,可复配成分散性的缓蚀剂。

(5)本品毒性小,排放后3~4天即可自然降解,不会造成环境污染。

(6)应用范围广,可以在较高的浓缩倍数下运行,冷却水的总溶固含量可提高到30000mg/L。

实例 15　环保型复合缓蚀阻垢剂

【原料配比】

原料		配比(质量份)					
		1#	2#	3#	4#	5#	6#
缓蚀组分	钼酸钠	—	4	—	3	—	1.5
	钨酸钠	5	—	—	—	—	—
	钨酸锌	—	—	3.5	—	—	—
	钨酸铵	—	—	—	—	2	—
	四硼酸钠	20	25	—	1.2	17.5	21.5
	硼酸锌	—	—	20	—	—	—
	十二酰基丙二胺三乙酸	—	—	12	—	—	—
	α-巯基月桂酸	—	15	—	—	8.2	—
	水杨酸	12.5	—	—	—	—	—
	苯甲酸	—	—	—	25	—	—
	巯基苯并噻唑	1.2	—	—	—	—	1
	苯并三氮唑	—	—	1.2	—	1	—
	甲基苯并三氮唑	—	—	—	0.5	—	—
	甲基苯并三氮唑酪氨酸	—	0.8	—	—	—	—
阻垢组分	葡萄糖酸钠	—	—	—	—	15.5	12
	单宁酸	—	—	2.5	—	—	2
	磺化木质素	—	—	10	—	—	18
	丙烯酸—丙烯酸酯共聚物	—	18	—	—	—	—
	环氧琥珀酸	15	—	—	10	—	—
去离子水		加至100	加至100	加至100	加至100	加至100	加至100

【制备方法】　将以上各组分加入反应釜中，充分搅拌，直至完全溶解，即得黄色透明液体产品。复配时，最好控制温度为 50～60℃，各

组分的加料次序对产品的效果并无负面影响。

【产品应用】 本品用于处理循环冷却水。

【使用方法】 使用中直接加入循环冷却水系统即可,或用水稀释后采用自动加药装置加入循环冷却水系统亦可。针对不同水质投加浓度在 300～500mg/kg。

【产品特性】

(1)配方科学,各原料组分不含铬酸盐、亚硝酸盐及磷酸盐等对人体及环境有害的物质,不会对使用环境及排放地造成污染,绿色环保。

(2)产品阻垢能力强、缓蚀效果好,且药效时间长,可长时间不降解。对碳钢、不锈钢及铜合金等材质起到优良的保护作用,从而大大延长了换热设备及管线的使用寿命,有利于保证循环冷却水系统的安全稳定运行。

(3)产品还具有杀菌抑菌的功能,解决了循环冷却水长期运转中出现的水质恶化问题,使循环冷却水系统始终处于水质良好的平稳状态。

(4)制备工艺简单,原料易得,成本较低,效果显著,有利于推广应用。

(5)产品为液体状态,无须溶解过程,使用方便,并且加药浓度低,为循环冷却水系统低成本运行提供了保证,给用户节约了资金,同时为无污染排放创造了有利条件。

实例16 环保型阻垢剂(1)

【原料配比】

原料	配比(质量份)			
	1#	2#	3#	4#
马来酸酐	296	296	98	98
水	70	70	30	30
氨水(25%)	200	200	220	220
氢氧化钠溶液(20%)	适量	适量	适量	适量

【制备方法】

(1)向配有搅拌、温度计的三颈烧瓶中加入马来酸酐,再加入水,然后在水浴中加热至55~70℃,马来酸酐溶解后搅拌30min,再冷却至5℃左右,停止搅拌,缓慢加入氨水溶液。

(2)将步骤(1)所得物料逐渐升温并开动搅拌,于85~90℃的温度下继续反应4h,得透明玻璃状的黏性液体。

(3)将步骤(2)所得液体于160℃的喷雾干燥器中干燥得白色的聚琥珀酰胺。

(4)将聚琥珀酰胺在容器中搅拌用油浴加热至220℃左右,2~3h,得黄色的聚琥珀酰亚胺。

(5)将聚琥珀酰亚胺于70~80℃的条件下,加20%的氢氧化钠水溶液水解为聚天冬氨酸的钠盐,得固含量不小于35%的红棕色黏稠液体,即聚天冬氨酸溶液。

【产品应用】　本品用于水质的阻垢处理,对$CaCO_3$、$CaSO_4$、$BaSO_4$、$SrSO_4$有很好的阻垢效果,广泛适用于工业循环冷却水、锅炉给水、造纸、石油工业、海水脱盐等。

【产品特性】

(1)将热缩聚和脱水环化分开进行,避免由于工艺的连续进行而使前期产生的发泡、极难搅动的黏稠状物质以及后期产生的附着在设备上的坚硬固态物质而造成处理麻烦。

(2)采用喷雾干燥器可以很容易地将中间产物聚琥珀酰胺分离,然后转变为聚琥珀酰亚胺。

(3)用氨水代替气态氨,避免在使用气态氨的过程中产生的危险。

(4)不需要有机溶剂,避免分离有机溶剂的麻烦。

(5)阻垢效果优异,尤其对钙有很高的容忍性,对氯及铁离子有明显的稳定性,并有很强的耐热性,应用广泛。

实例 17 环保型阻垢剂(2)

【原料配比】

原料	配比(质量份)				
	1#	2#	3#	4#	5#
马来酸酐	50	50	50	50	50
水	75	75	75	75	75
氢氧化钠水溶液(50%)	55	65	65	65	65
钨酸钠	1.8	2	—	2	2
五氧化二钒	—	—	2	—	—
双氧水(30%)	60	60	65	65	60
氢氧化钙	5	6.5	7	7	7

【制备方法】 将马来酸酐溶解于水中并在搅拌下缓慢滴加氢氧化钠,使马来酸酐转变为马来酸的钠盐,控制反应温度为20～50℃;然后加热至50～60℃,加双氧水进行马来酸盐的环氧化反应,以钨酸钠或五氧化二钒为催化剂,反应放出的热将使反应物温度升至105～110℃,然后逐渐下降,当反应温度降至60～70℃时,滴加氢氧化钠溶液,控制pH值为3～5.5,并在60～65℃的水浴中保温1.5～4h,得环氧丁二酸;然后进行聚合反应,控制反应温度为60～100℃,加入氢氧化钙或氧化钙,反应2～5h,最好为2.5～3.5h,通过过滤将反应物提纯,得到聚环氧丁二酸溶液。其固含量不小于30%,为无色或淡黄色黏稠液体,固含量的大小可以通过控制水的含量来调节。

【产品应用】 本品可广泛应用于循环冷却水系统、锅炉水、油田水、海水脱盐等方面。

【产品特性】 本品原料易得,配比科学,工艺简单,市场前景广阔;对 $CaCO_3$、$BaSO_4$、$SrSO_4$ 有很好的阻垢效果,尤其对钙有很高的容忍性,对氯及铁离子有明显的稳定性,并有很强的耐热性,使用效果好,符合环保要求。

实例 18　可降解缓蚀阻垢剂

【原料配比】

原　料	配比(质量份)		
	1#	2#	3#
马来酸酐	49	49	49
水	70	70	70
氢氧化钠水溶液(50%)	53	53	53
钨酸钠	1.5	1.5	1.8
双氧水(30%)	60	60	60
二乙烯三胺	7	9	10

【制备方法】

(1)将马来酸酐溶解于水中并在搅拌下滴加氢氧化钠,使马来酸酐转变为马来酸的钠盐,控制反应温度为 20~50℃。

(2)将步骤(1)所得物料加热至 50~60℃,分 4~8 次,每隔 20~40min,加入 30% 的双氧水进行马来酸盐的环氧化反应,以钨酸钠或五氧化二钒为催化剂,控制反应温度为 60~70℃,控制 pH 值为 3~7,得环氧丁二酸。

(3)向步骤(2)所得物料中加入二乙烯三胺,进行聚合反应,控制反应温度为 60~100℃(较佳为 80~90℃),反应 2~5h(较佳为 2.5~3.5h),得固含量不小于 30% 的褐红色黏稠液体,即得成品。

【产品应用】　本品可广泛应用于循环冷却水系统、锅炉水、油田水、海水脱盐等方面。

【产品特性】　本品工艺简单,原料配比科学,采用二乙烯三胺作为环氧丁二酸聚合的引发剂,避免用氢氧化钙作为引发剂要进行后处理的麻烦,并且二乙烯三胺也插入聚环氧丁二酸分子结构中,赋予该阻垢剂新的阻二氧化硅功能。

本品对 $CaCO_3$、$BaSO_4$、$SrSO_4$、CaF_2、SiO_2 有很好的阻垢效果，尤其对钙有很高的容忍性，对氯及铁离子有明显的稳定性，并且耐热性好，应用范围广泛，符合环保要求。

实例 19　无磷水质阻垢剂

【原料配比】

原　料	配比（质量份）				
	1#	2#	3#	4#	5#
丙烯酸	36	36	36	43	43
1－丙烯酰胺基甲基磺酸	7	12	14	21	15
羟甲基丙烯酰胺	4	10	16	9	9
去离子水	适量	适量	适量	适量	适量
分子量调节剂	适量	适量	适量	适量	适量
过硫酸盐	适量	适量	适量	适量	适量

【制备方法】　在搅拌下，将丙烯酸、1－丙烯酰氨基甲基磺酸、羟甲基丙烯酰胺混合，用适量的去离子水溶解，并加入适量的分子调节剂（3%～7%），通氮，将反应物加热至 45～70℃，加入适量引发剂过硫酸盐（2%～5%），恒温通氮反应 1h，得到共聚物水溶液。用无水甲醇沉淀析出，在真空烘箱中烘干，粉碎，即得到固体成品。

【产品应用】　本品适用于工业水系统的阻垢处理。

【产品特性】　本品原料易得，配比科学，工艺简单；第二单体用 1－丙烯酰氨基甲基磺酸取代了含量基本不变的 AMPS，在三元共聚物的主链中没有引入磷，使得其对磷酸钙垢（尤其在同时存在其他金属离子，例如 Fe^{3+}）具有更加优异的抑制性，且对铁离子的稳定性也得到明显的改善。

实例20　除氧阻垢剂

【原料配比】

原　　料	配比（质量份）		
	1#	2#	3#
去离子水	82.6	62.7	77.7
D－异抗坏血酸钠	10	—	—
D－异抗坏血酸	—	18	11
磷酸三钠	3	9	5
三聚磷酸钠	1	1.8	1
亚乙基二胺四亚甲基膦酸钠	2	5	3
聚丙烯酸钠	0.2	0.8	0.5
聚马来酸酐	9	2	2
固体氢氧化钠	0.2	0.7	0.8

【制备方法】

（1）在装有搅拌器、温度计、电加热器的溶解釜中加入去离子水，打开电加热器，加热温度至20～35℃，并保持15～20min。

（2）向步骤（1）所得物料中依次加入D－异抗坏血酸钠或D－异抗坏血酸、磷酸三钠、三聚磷酸钠进行搅拌，待上述固体物质全部溶解后，停止加热，并冷却至室温。

（3）在步骤（2）所得液体化合物中依次加入亚乙基二胺四亚甲基膦酸钠、聚丙烯酸或聚丙烯酸钠并进行搅拌。

（4）在步骤（3）所得液体化合物中加入固体氢氧化钠调节pH值至12后，再加入聚马来酸酐，继续搅拌。

（5）向步骤（4）所得搅拌均匀的液体化合物中再加入固体氢氧化钠调节pH值为10～12。

（6）将步骤（5）所得液体化合物充分搅拌4～8min后为淡黄色液体药剂，采用深色塑料桶分装为成品。

【产品应用】 本品适用于燃油(气)锅炉、凝结水回用锅炉、热水锅炉及需要进行除氧、缓蚀、阻垢处理的工业锅炉。

【产品特性】

(1)能快速除去给水溶解氧,其缓蚀、阻垢性能达到中国锅炉水处理协会颁布的技术要求,缓蚀速度≤0.07mm/a,阻垢率≥90%。

(2)所用的主要配方药品为食物添加剂类物质,不会增加环境负担,不会影响锅炉水、汽品质及各项技术指标。

(3)从使用效果看,用户普遍满意,且经济上能够承受,产生了很好社会效益;同时具有节能、节水、降耗的特点,产生了很好的社会效益。

(4)配有固定加药系统,加药系统简单易行,自动化程度高,减少了日常人工的维护且加药点比较固定、成熟。

(5)解决了D-异抗坏血酸钠在使用中存在的一些技术难题:如加药量的控制、加药点的选择、保质期的延长、抑制厌氧菌的生长等。

实例21 多功能锅炉水处理阻垢剂

【原料配比】

原料	配比(质量份)
1-氨基吡咯烷	15
羟基亚乙基二膦酸	25
亚硫酸钠	2
环己胺	8
去离子水	加至100

【制备方法】 首先将1-氨基吡咯烷在去离子水中充分搅拌混匀,然后在上述物料中依次加入羟基亚乙基二膦酸、亚硫酸钠、环己胺,充分混合均匀,过滤去除杂质即得产品。

【产品应用】 本品适用于锅炉设备。

【使用方法】 在使用时,可以先检测待处理锅炉的各种状况,如酸碱度、硬度、垢质成分等,再决定本品的用量和处理时间。

【产品特性】 本品含有多种对锅炉阻垢有特殊效果的成分,1-氨基吡咯烷是一种有机除氧剂,能够除去锅炉水中含有的溶解氧,防止水中发生含氧的化学反应,本品溶解氧的反应速度极快,加入补给水管道内后能在补给水进入锅炉前除去大部分的溶解氧,避免了传统除氧剂在使用时出现的除氧剂、锅炉内壁的铁与溶解氧同时反应的情况。

本品中羟基亚乙基二膦酸、亚硫酸钠、环己胺能够有效地破坏水垢的晶格规序,使水垢疏松脱落成粉末状,或把水垢均匀地分散在水中成胶状,或把成垢离子螯合成螯合物,通过多种方式防垢,还能把锅炉内原有的垢质溶解去除。

实例22 反渗透膜用阻垢剂

【原料配比】

原料		配比(质量份)		
		1#	2#	3#
无磷聚羧酸类阻垢分散剂	PESA	12.5	3	30
	PASP	8	1	10
低磷磷羧酸	PAPEMP	1	—	—
	PBTCA	2	5	1
无磷丙烯酸多元共聚物(AA/AMPS)		6	20	2
纯净水		加至100	加至100	加至100

【制备方法】 将无磷聚羧酸类阻垢分散剂、无磷丙烯酸多元共聚物加入反应釜中,加入部分纯净水搅拌均匀,料液加热到(50±1)℃保温2h,然后降温到(22±1)℃;再加入低磷磷羧酸并补齐应加入的纯净水量,搅拌均匀,静置,包装即可。

【注意事项】 无磷聚羧酸类阻垢分散剂是指聚环氧琥珀酸(PESA)、聚天冬氨酸(PASP)。

无磷丙烯酸多元共聚物是指丙烯酸-2-丙烯酰胺-2-甲基丙磺酸多元共聚物(AA/AMPS)。

低磷磷羧酸是指多氨基多醚基亚甲基膦酸(PAPEMP)、2-膦酸丁烷-1,2,4-三羧酸(PBTCA)。

【产品应用】 本品适用于高 pH 值、高碱度、高硬度等各种条件复杂的水质,通用于反渗透、超滤、纳滤等各种膜水处理系统,可广泛应用于锅炉补给水、工业用超纯水以及饮用纯净水等行业。

【产品特性】 本品配方选择几种具有阻垢性能的无磷或低磷的环保原料复合使用,利用各原料之间的协同增效作用,大大提高了复合药剂的使用效果,达到满意的综合阻垢性能。不仅有效地解决了 $CaCO_3$、$CaSO_4$、$Ca_3(PO_4)_2$、$BaSO_4$、CaF_2、金属氧化物、SiO_2等在反渗透膜表面结垢问题,对污泥等悬浮物具有一定的分散能力,同时可与各种无机、有机絮凝剂兼容。少量投加就可以达到理想的阻垢效果,可有效预防膜污染的发生,保障反渗透系统的稳定运行,并且本品用于反渗透系统中无须加酸就能达到良好的阻垢效果,省去了传统阻垢剂调酸的环节,减轻了工作量,避免了工作环境的污染,同时降低了生产成本。

实例23 复合缓蚀阻垢剂

【原料配比】

原料	配比(质量份)					
	1#	2#	3#	4#	5#	6#
ATMP	22.9	—	—	—	—	25.7
HEDP	—	17.1	17.1	11.4	17.1	—
EDTMP	—	—	—	—	—	—
HPAA	17.9	21.4	28.6	35.7	42.9	17.9
PBTCA	11.4	—	—	5.7	5.7	14.3
AA/AMPS	28.6	—	—	—	—	—
AA/AMPS/HPA	—	—	38.1	—	—	—

续表

原　料	配比(质量份)					
	1#	2#	3#	4#	5#	6#
ZF－311	—	28.6	—	19.1	—	—
XF－322	—	—	—	—	28.6	—
PAA	—	9.5	—	9.5	—	33.3
水	19.2	23.4	16.2	18.6	5.7	8.8

【制备方法】 将水加入容器中,依次加入配方中各组分,混合均匀即为成品。

【注意事项】 本品中包括有机膦酸、有机膦羧酸和含羧酸基聚合物。

所述有机膦羧酸为羟基膦酸基乙酸(HPAA)或HPAA与2－膦酸基－1,2,4－三羧酸丁烷(PBTCA)的混合物。

有机膦酸为至少一种选自羟基亚乙基二膦酸(HEDP)、氨基三亚甲基膦酸(ATMP)、乙二胺四亚甲基膦酸(EDTMP)、二乙烯三胺五亚甲基膦酸、对二膦磺酸的化合物。

含羧酸基聚合物优选为含羧酸基的均聚物、二元共聚物或三元共聚物,更优选自聚丙烯酸(PAA)、聚马来酸、丙烯酸(AA)—丙烯酸羟丙酯(HPA)共聚物(T225)、丙烯酸—丙烯酸羟丙酯—丙烯酸酯共聚物、马来酸(酐)—丙烯酸共聚物、马来酸(酐)—苯乙烯磺酸共聚物、丙烯酸—苯乙烯磺酸共聚物、丙烯酸酯—苯乙烯磺酸共聚物、马来酸(酐)—烯丙基磺酸共聚物、丙烯酸—烯丙基磺酸共聚物、丙烯酸—乙烯磺酸共聚物、丙烯酸—2－甲基－2′－丙烯酰胺基丙烷磺酸(AMPS)共聚物、丙烯酸—丙烯酰胺—2－甲基－2′－丙烯酰胺基丙烷磺酸共聚物、丙烯酸—丙烯酸酯—2－甲基－2′－丙烯酰胺基丙烷磺酸共聚物、丙烯酸—马来酸—2－甲基－2′－丙烯酰胺基丙烷磺酸共聚物、丙烯酸—2－丙烯酰胺基－2－甲基丙烷膦酸—2－甲基－2′－丙烯酰胺基丙烷磺酸共聚物。其中所述丙烯酸酯优选自丙烯酸 $C_1 \sim C_8$ 酯,更优选自丙烯酸甲酯、丙烯酸乙酯、丙烯酸羟丙酯。

ATMP 活性组分为 50%；PBTCA 活性组分为 50%；HPAA 活性组分为 40%；HEDP 活性组分为 50%；ZF－311 即丙烯酸—丙烯酸甲酯—丙烯酸羟丙酯三元共聚物，固含量为 30%；PAA 固含量为 30%；AA—AMPS—HPA 固含量为 30%；AA—AMPS 固含量为 30%；XF－322 即马来酸酐—丙烯酸共聚物，固含量为 30%。

【产品应用】 本品特别适用于含硫循环冷却水的处理。

【产品特性】

（1）能够解决含硫循环冷却水对设备造成的腐蚀，使碳钢的腐蚀速率小于 0.1mm/a。

（2）不会产生由于硫化锌沉淀而带来的设备结垢。

（3）发生泄漏后无须对系统进行彻底置换，节约药剂费、新鲜水费和排污费。

（4）操作简单，方便快捷，安全有效。

实例 24　锅炉用缓蚀阻垢剂

【原料配比】

原　料	配比（质量份）				
	1#	2#	3#	4#	5#
羟基亚乙基二膦酸	32	—	—	29	—
氨基三亚甲基膦酸	—	26	—	—	35
羟基亚乙基二膦酸五钠盐	—	—	39	—	—
聚马来酸酐	37	44	30	33	41
硫酸锌	5	3	2	7	4
乌洛托品	2	—	—	—	1.8
苯并三氮唑	—	1.5	—	1	—
硫脲	—	—	3	—	—
磺酸琥珀二辛酯盐	1.2	—	—	—	—
油酸丁酯硫酸盐	—	0.5	—	—	—

续表

原　料	配比(质量份)				
	1#	2#	3#	4#	5#
脂肪醇聚氧乙烯醚	—	—	1	2	0.7
氨基磺酸	—	—	—	2	—
水	加至100	加至100	加至100	加至100	加至100

【制备方法】　将配方中各原料加入水中,搅拌混合均匀即成。

【产品应用】　本品为锅炉用缓蚀阻垢剂。

【产品特性】

(1)本品将具高阻垢性能的有机多元膦酸及其盐和具高缓蚀性能的锌无机盐组合,再配以具阻垢分散、活化作用的聚马来酸酐、烷基醚和具辅助缓蚀作用的含氮杂环化合物,充分发挥各组分间的协同效应,使本品的阻垢率达到94%以上,腐蚀速度小于0.03mm/a,且可耐150~200℃的高温;另由于本品添加辅助缓蚀剂,使得本品不仅对黑色金属有缓蚀作用,同时对有色金属也具有缓蚀作用。

(2)产品使用方便,在加药时无须调节pH值,且成本低,仅为炉外水处理费用的40%左右。

(3)添加磺酸类保护剂,可对本品的混合组分起保护作用,而不易失效。

实例25　黑色缓蚀阻垢剂

【原料配比】

原　料	配比(质量份)		
	1#	2#	3#
胡敏酸钠	20	50	8
水溶性硫化黑	90	—	5
水溶性硫化铜	—	50	—

续表

原料	配比(质量份)		
	1#	2#	3#
亚甲基二萘磺酸钠	30	10	2
氯化钠	—	30	—
碳酸钠	—	—	2

【制备方法】 将上述各组分在常压常温状态下,置于密闭混合容器中搅拌混合均匀,即得成品。

【产品应用】 本品适用于防止锅炉管路的供热系统腐蚀和结垢。

【产品特性】 本品工艺简单,原料易得,利用胡敏酸钠和水溶性硫化元的缓蚀阻垢特性及对于水的极强染色力,产品水溶性好,扩散迅速,无毒无味,即使发生饮用,也不会造成中毒现象,且成本低廉,使用方便。

实例26 环保型高效低磷阻垢缓蚀剂

【原料配比】

原料	配比(质量份)				
	1#	2#	3#	4#	5#
2-膦基丁烷-1,2,4-三羧酸(PBTCA)	30	25	35	20	40
丙烯酸—磺酸钠共聚物	55	—	—	40	70
AMPS 多元共聚物	—	50	—	—	—
丙烯酸—磺酸钾共聚物	—	—	60	—	—
苯并三氮唑	4	3	5	2	6
水	68	60	75	55	80

【制备方法】

(1)将 PBTCA、丙烯酸—磺酸钠共聚物、AMPS 多元共聚物、丙烯酸—磺酸钾共聚物抽入反应釜中，搅拌混匀，搅拌速度为80r/min，混合20min。

（2）在搅拌情况下，将苯并三氮唑（BTA）加入上述反应釜中，继续搅拌，待BTA溶解，再加水搅拌混匀，即得成品。

【产品应用】 本品可于热力设备结垢及腐蚀的循环水中使用，适用于石化系统、钢铁系统和化工行业、电力行业等循环冷却水。

【使用方法】 在石化系统、钢铁系统和化工行业等循环冷却水中，本品按补水计，其投加量最好为50～100mg/L，而电力行业的循环冷却水处理中，本品按补水计，投加量最好为8～12mg/L。

【产品特性】 本品是针对工业循环冷却水质和工业生产工艺特点而开发的高效阻垢、缓蚀、分散、杀菌组合物，可以有效防止结垢、腐蚀、黏泥及菌藻附着所造成的热交换率降低和非计划停机，在浓缩倍数达到2倍时，即可节水95%以上，延长设备的使用寿命，提高换热效率，降低消耗，增加产量，保证设备的稳定运行。

实例27　抗氧化的锅炉缓蚀阻垢剂

【原料配比】

原　料	配比（质量份）
羟基亚乙基二膦酸	18
氢氧化钠	3
腐殖酸钠	1
乌洛托品	30
苯并三氮唑	20
硅酸钠	28

【制备方法】 将上述各组分在常压常温状态下，置于密闭混合容器中搅拌混合均匀，即得产品。

【产品应用】 本品适用于锅炉水处理。

【使用方法】　使用温度为20~60℃，使用时间为12~24h。可根据锅炉的垢质情况适当延长或缩短本品的作用时间，并且可少量多次地使用。

【产品特性】

(1)本品内的除氧剂为有机除氧剂，此除氧剂在高温时易分解，但分解产物同样具有很强的除氧能力。此除氧剂与溶解氧的反应速度极快，加入补给水管道内后能在补给水进入锅炉前除去大部分的溶解氧，避免了传统除氧剂在使用时出现的除氧剂、锅炉内壁的铁与溶解氧同时反应的情况。

(2)本品采用的腐殖酸钠的作用与腐殖酸有关，腐殖酸是一种天然的有机高分子化合物，它含有较多的各类活性基团。这些活性基团决定了腐殖酸具有弱酸性、亲水性、离子交换性、络合性、氧化还原性及生理活性等，不但对各类垢型有络合溶解作用，而且对悬浮物具有分散和乳化作用。

(3)本品腐蚀程度小、抗氧化效率高，毒性低，原料价格低廉。

实例28　汽车冷却系统用阻垢剂

【原料配比】

原料	配比(质量份)	
	1#	2#
碳酸钠	0.25	4
乙二胺四乙酸	0.4	3
乙二胺四乙酸二钠	0.3	4.5
硅酸钠	0.3	—
硼砂	0.45	3
苯并三氮唑	0.1	1.5
水	8.2	余量

【制备方法】　首先将碳酸钠加入容器中，加热至45~55℃时，分

别加入乙二胺四乙酸、乙二胺四乙酸二钠，加热至60~70℃，再加入硅酸钠、硼砂、苯并三氮唑和水，混合均匀后即得产品。

【产品应用】 本品适用于汽车冷却系统。

【产品特性】 本品所用原料均为市售产品，容易得到，成本较低，制备工艺简单；产品性能优异，对碳酸钙阻垢率>95%，对黄铜、碳钢、铝基本不腐蚀，可以延长汽车的使用寿命，保证汽车的正常运行。

实例29　无磷缓蚀阻垢剂

【原料配比】

原料		配比（质量份）				
		1#	2#	3#	4#	5#
聚天冬氨酸		10	20	20	15	20
聚马来酸酐		30	20	30	25	30
丙烯酸—2-丙烯酰胺-2-甲基丙烯磺酸共聚物		15	20	20	17	20
锌盐	氯化锌	5	5	—	—	—
	硫酸锌	—	—	4	5	4
天然有机高分子	葡萄糖酸钠	12	10	—	—	—
	木质素衍生物	—	—	7	10	6
钼酸盐	钼酸钾	8	5	—	—	—
	钼酸钠	—	—	6	8	6
硼酸盐	硼酸钾	—	—	13	—	—
唑类	苯并三氮唑	—	—	—	20	—
有机胺	六次甲基四胺	—	—	—	—	14
丙烯酸—丙烯酸羟丙酯共聚物		—	20	—	—	—
聚丙烯酸钠		20	—	—	—	—

【制备方法】 将上述各组分在常压常温状态下，置于密闭混合容

器中搅拌混合均匀，即得产品。

【产品应用】　本品应用于循环冷却水中，每升循环冷却水中加入 30～50mg 无磷缓蚀阻垢剂。

【产品特性】

（1）避免由于磷的排放引起的水质的富营养化问题，减轻环境污染，具有良好的环保性。

（2）能有效减轻循环水系统的细菌腐蚀和苔藻生长问题，从而减少循环水杀菌灭藻剂的用量，减轻氯气消毒后带来的二次污染，具有优异的缓蚀、阻垢性能。

（3）避免由于磷的降解而导致循环水系统 $Ca_3(PO_4)_2$ 垢的沉积，提高冷换设备的传热系数，降低能量消耗。

（4）对钙和碱容忍度高，耐高浓度的 Cl^- 和 SO_4^{2-} 的腐蚀，适应的 pH 值范围广，为循环水在高浓缩倍数条件下运行、减少污水排放提供了技术条件。

实例 30　油井用清蜡防腐阻垢剂

【原料配比】

原　　料	配比（质量份）	
	1#	2#
多亚乙烯多胺聚氧丙烯聚氧乙烯醚	4.2	9
FC－N01 氟碳表面活性剂	0.04	0.07
十二烷基二甲基苄基氯化铵	15.5	17
甲醛	5	8
乌洛托品	5.2	6.5
羟基亚乙基二膦酸钠	18	20
水	52.06	39.43

【制备方法】

（1）将多亚乙烯多胺聚氧丙烯聚氧乙烯醚、FC－N01 氟碳表面活性剂、十二烷基二甲基苄基氯化铵、甲醛、乌洛托品、羟基亚乙基二膦酸钠加入常压搪瓷反应釜，缓慢升温至50～66℃，在不断搅拌30min后，停止加热。

(2)将步骤(1)所得物料一边冷却一边搅拌，冷却至常温，再加入水，边加入边搅拌，搅拌20min后出料，即得产品。

【产品应用】 本品适用于油井的清蜡防腐防垢。

【产品特性】 本品原料易得，配比科学，工艺简单；产品性能优良，克服了常规油井的清蜡降黏药剂与防腐防垢药剂不配伍的问题，提高了油井采收率。

实例31 油田用阻垢剂

【原料配比】

原　料	配比(质量份)
马来酸酐	20.5
醋酸乙烯酯	19.5
氧化剂过硫酸铵	7.2
还原剂次亚磷酸钠	4.6
水	40

【制备方法】 将马来酸酐、水同时加入带有搅拌器和冷凝管的四口烧瓶中，搅拌使马来酸酐完全溶解，再加入次亚磷酸钠；升温至70℃，通过两个滴液漏斗分别滴加过硫酸铵(用蒸馏水溶解)、醋酸乙烯酯，保温反应4h，得到橘黄色黏稠的液体，测得溴值为25.28mg/g。

【产品应用】 本品适合在油田使用。

【产品特性】

(1)原料易得，以水为溶剂，生产过程清洁，而且生产成本低。

(2)在引发剂过硫酸铵的基础上引入还原剂次亚磷酸钠，两者构成氧化还原体系，提高了原引发剂的引发效率，因而可以降低产品的溴值(溴值越低，表明单体的转化率越高)，改善产品的阻垢性能。

第四章　絮凝剂

实例1　除磷絮凝剂

【原料配比】

原　料	配比(质量份)
硫酸亚铁	61.2
水	34.5
氯酸钠	3.6
活化硅酸	0.5

【制备方法】

(1)在常温常压下,在搅拌条件下,向水中投加硫酸亚铁[水和硫酸亚铁的质量配比是(0.5~0.7):1],搅拌混合均匀后配制成硫酸亚铁混合液。

(2)在硫酸亚铁混合液中,于搅拌条件下缓慢加入工业硫酸,使所有硫酸亚铁完全溶解,调整其pH值为0.8~1.5。

(3)对调整好pH值的硫酸亚铁混合液,在常温常压下,于搅拌条件下逐渐加入3.2%~4.1%的氯酸钠进行氧化反应,反应时间为3~90min,使溶液中的二价铁氧化为三价铁。

(4)待上述步骤的氧化反应充分后,在常温常压下,加入0.1%~1%的含硅添加剂,搅拌均匀使其进行充分反应后,即制得除磷絮凝剂。

【产品应用】　本品可广泛用于污水处理,特别适用于含高磷的污水处理。

【产品特性】　本品生产工艺简单,设备无特殊要求,可在常温常压下进行,生产过程中无有害气体产生,操作安全;以生产钛白粉的废弃物硫酸亚铁为原料,既可降低成本,又可回收资源、变废为宝;在污水处理中，加入本品能有效地除去污水中的可溶性磷，同时还能通过絮凝沉淀进一步除去污水中其他形式的磷，降低 SS、COD、BOD 等，应用广泛，符合环保要求。

实例2　除油絮凝剂

【原料配比】

原料		配比(质量份)								
		1#	2#	3#	4#	5#	6#	7#	8#	9#
碱木质素		10	8	15	11	5	20	9	5	2.5
二硫化碳		15	16	15	12	18.5	15	8	15	27.5
氢氧化钠		19.5	25	18	—	25	25	25	20	35
氢氧化钾		—	—	—	20	—	—	—	—	—
水		28	16	21	42	16.5	20	48	35	10
醛类化合物	甲醛	15	20	22	—	20	10	—	15	5
	多聚甲醛	—	—	—	7	—	—	—	—	—
	三聚甲醛	—	—	—	—	—	—	2	—	—
含氮化合物	脲	12.5	15	—	—	—	—	8	—	20
	乙二胺	—	—	9	—	—	—	—	—	—
	二乙烯三胺	—	—	—	8	—	—	—	—	—
	混合物 a	—	—	—	—	15	—	—	—	—
	混合物 b	—	—	—	—	—	10	—	—	—
	混合物 c	—	—	—	—	—	—	—	10	—

注　混合物 a 为脲和六次甲基四胺混合物；混合物 b 为乙二胺和四乙烯五胺混合物；混合物 c 为脲、六次甲基四胺和二亚乙基三胺混合物。

【制备方法】　先将木质素和水加入反应器中，搅拌均匀后，将反应体系的 pH 值调节至 9.5～11.5，加热升温至 65～95℃后加入醛类化合物,反应10~30min后加入含氮化合物,继续反应2~5h后降温至0~25℃,然后缓慢加入碱液的同时滴加二硫化碳,反应2~5h后,升温至50~75℃,继续反应1~4h,降温出料,所制备的产品为黑褐色黏稠液体,或是将黑褐色黏稠液体经过减压蒸馏浓缩、过滤,并用丙酮结晶得棕褐色粉末。

【注意事项】 木质素为碱木质素,是竹子、蔗渣、稻草、麦草、芦苇、桉木、桦木、马尾松等原材料及其按一定配比组成的两种或两种以上的混合原材料的碱法或硫酸盐法制浆废液,通过沉淀、分离、提取获得碱木质素。

含氮化合物为脲、乙二胺、二乙烯三胺、四乙烯五胺、六次甲基四胺、二亚乙基三胺中的一种或两种以上(含两种)的混合物。

碱液为氢氧化钠或氢氧化钾水溶液,而且碱液的质量分数为20%~60%。

醛类化合物为甲醛、三聚甲醛或多聚甲醛。

【产品应用】 本品特别适用于处理含油废水。

【产品特性】

(1)本品主要利用制浆工业中的副产物木质素为原料,使得产品具有成本低,并兼具除油和絮凝双重功能。

(2)本品采用全封闭的加料方式以及一次合成法制备,减少或消除生产过程中原材料对环境的污染,而且整个生产过程无废气、废水、废渣排放,因此制备工艺是一个清洁化、环境友好工艺。

(3)处理含油废水效果理想,而且药剂的投药量低;SS降低87%以上,最高可达98%;COD_{Cr}降低65%以上,最高可达76%;色度降低80%以上,最高可达91.1%。

(4)产品稳定性好,无毒,使用不受季节、区域限制,便于运输和存放。

(5)生产工艺简单,原料易得,生产周期短,反应温和,所需设备为常规设备。

实例3　废水处理絮凝剂(1)

【原料配比】

原　　料	配比(质量份)	
	1#	2#
硫酸铝水溶液	31.57	24.66
聚硅酸水溶液	12.55	21.94
氢氧化钠水溶液	5.88	3.4
水	适量	适量

【制备方法】

(1)将硅酸钠用酸调节 pH 值至 9.0～10.5,预聚时间 1～16h,得分子量范围为 3000～120000 的聚硅酸备用。

(2)将硫酸铝水溶液放入反应釜,在搅拌状态下,使用快速分散装置,在 15～20min 之内缓缓加入步骤(1)制得的聚硅酸,并使用计量泵控制加料速度,同时采用冷却水保持反应釜温度在 18～22℃范围内。

(3)在上述同样条件下,经计量泵控制加料速度,由快速分散装置在 20～30min 内缓缓加入氢氧化钠水溶液。

(4)加氢氧化钠 20～40min 后,关闭快速分散装置,关闭冷却水,开启蒸汽阀,使反应釜内的物料在 0.8～1h 升温至 60～70℃,恒温反应 3～5h,或者在常温下,搅拌反应 20～24h,然后自然冷却,即得成品。

【产品应用】　本品可用于给水和废水处理。

【产品特性】　本品原料丰富易得,价格低廉,运行费用相对较低,工艺流程简单,设备结构合理,操作方便,无须分开生产、储存,保存期长,使用方便。

本品分子量较大,对水中的杂质有很高的吸附聚集作用,在水中能快速形成大的絮凝体,适用范围宽,处理效果好;通过改变硅酸的聚合度和硅铝比例可得到不同分子量的产品,满足不同的水处理的要求。

实例4 废水处理絮凝剂(2)

【原料配比】

原料	配比(质量份)						
	1#	2#	3#	4#	5#	6#	7#
蒸馏水	500	400	500	500	500	300	400
丙烯酰胺(AM)	13.6	48.9	60.8	46.2	36.7	101.3	78.6
甲基丙烯酰氧基乙基三甲基氯化铵(DMC)	139.5	178.7	88.9	102.6	119.2	177.6	158.6
丙烯酸(AA)	6.9	12.4	10.3	11.2	4.1	41.1	2.8
氮气	适量	适量	适量	适量	适量	适量	适量
氨羧螯合剂	40	60	40	40	40	80	60
水溶性偶氮类引发剂	50	50	50	50	50	50	50
水溶性氧化剂	25	25	25	25	25	25	25
水溶性还原剂	25	25	25	25	25	25	25

【制备方法】

(1)在反应釜中,加入蒸馏水和丙烯酰胺(AM),开动搅拌后加入甲基丙烯酰氧基乙基三甲基氯化铵(DMC)和丙烯酸(AA),控制单体质量百分比总浓度为10%~60%,水溶液pH值为4.5~6.5,控制温度至25~60℃,通氮气10min。

(2)向步骤(1)所得混合物中加入氨羧螯合剂、水溶性偶氮类引发剂和水溶性氧化剂以及水溶性还原剂,搅拌均匀。

(3)保持同一温度,继续聚合2~24h,即可得成品。

【注意事项】 氨羧螯合剂可以是乙二胺四乙酸二钠水溶液或乙二胺四乙酸水溶液,作用是避免单体和溶剂中的金属离子对共聚合的阻聚作用;水溶性偶氮类引发剂可以是2,2′-偶氮(2-脒基丙烷)二盐酸盐水溶液、2,2′-偶氮[2-(*N*-正丁基)脒基丙烷]二盐酸盐水溶液或2,2′-偶氮[2-(N-苄基)脒基丙烷]二盐酸盐水溶液，其作用是提高单体的转化率；水溶性氧化剂可以是过硫酸铵水溶液或过硫酸钾水溶液；水溶性还原剂可以是甲醛次硫酸氢钠水溶液或脲的水溶液。

【产品应用】 本品用于各类废水的处理，尤其适用于处理富含有机物的生产、生活废水。

【产品特性】 本品工艺流程简单，反应条件温和，便于操作；性能稳定、絮凝及脱水效果好，应用范围广，适用 pH 值为 2～12；节约能源，有利于保护生态环境，具有明显的经济效益和社会效益。

实例5　复合水处理脱色絮凝剂

【原料配比】

原　　料	配比(质量份)		
	1#	2#	3#
聚合氯化铝	35	50	90
聚合硫酸铁	50	35	5
硫酸镁	5	5	3
聚二甲基二烯丙基氯化铵	10	10	2

【制备方法】 将各组分混合均匀即可。

【产品应用】 本品广泛适用于水处理工程，最适合处理高 COD、高色度的染料废水。

【产品特性】 本品加工工艺简单，絮凝速度快，用量少，脱色率极高，处理后出水可达标排放。

本品充分利用聚二甲基二烯丙基氯化铵(高阳离子度的有机絮凝剂)对发色有机物的高去除率的特性，加入无机混凝剂降低成本，提高沉降速度，充分发挥各药剂复配的优势。其中加入聚合氯化铝形成絮团，加入聚合硫酸铁增加其脱色率和沉降性，加入镁盐增加絮团对发色有机物的吸附。

实例6 复合型含油废水絮凝剂

【原料配比】

原料			配比(质量份)				
			1#	2#	3#	4#	5#
A	a	乙二胺	60	—	116	116	116
		三亚乙基四胺	—	73.12	—	—	—
	b	环氧丙烷	116	—	116	116	116
		环氧乙烷	—	88	—	—	—
	c	二氯乙烯	—	40	—	—	—
		环氧氯丙烷	92.5	—	73.9	73.9	73.9
	工业盐酸		120	67	120	120	120
	W：无机絮凝剂		1：0.7	1：1	1：4	1：1	1：1
B	乙二胺		13	26	13	13	13
	丙二醇		30	122	30	30	30
	环氧树脂		47	100	47	47	47
	氢氧化钾水溶液		50	80	50	50	50
	水		—	40	—	—	—
	二硫化碳		21	50	21	21	21
A：B			1：1	1：0.5	1：0.5	1：0.5	1：0.3

注 a为多胺类有机物；b为单官能团含氧有机物；c为双官能团含氯有机物。a、b、c与盐酸构成聚合物W。所用无机絮凝剂具体是：1#配方为硫酸亚铁，2#配方～5#配方为PAC（先将PAC用水溶解，再与W复配）。

【制备方法】

（1）聚合物W的制备：在一个带有搅拌系统、温度计、冷凝回流装置的反应釜中加入多胺类有机物，加热至20～60℃时加入单官能团含氧有机物，在30～150℃条件下反应1～24h，得到一种带有多个羟基官能团的胺类线型低分子量聚合物，形成中间产物取代胺；再加入双官能团含氯有机物，最后加入无机酸，终止反应即得。

（2）组分A的制备：将制得的聚合物W与无机絮凝剂在常温下复配即得。

（3）组分B的制备：在一个带有搅拌系统、温度计和冷凝装置的反应釜中加入多胺（如乙二胺）、醇和不饱和树脂（如环氧树脂），在60℃反应3h，加入45%氢氧化钾水溶液，同时滴加二硫化碳，在30℃条件下继续反应1h，即得成品。

【注意事项】 本品由组分A和组分B构成，质量配比范围是A∶B＝1∶(0.01～1)∶1，优选1∶(0.05～1)∶0.5。

组分A由带有多个羟基官能团的胺类线型低分子量聚合物W与无机絮凝剂复合，质量配比范围是W∶无机絮凝剂＝1∶(0.1～1)∶10，优选1∶(0.5～1)∶5。

聚合物W为由多胺类有机物与单官能团含氧有机物反应得到一个中间产物，该中间产物再与双官能团含氯有机物反应而得的红棕色透明液体。

多胺类有机物可以是三亚乙基四胺、二乙烯三胺、亚己基二胺、亚乙基三胺等中的一种或几种。

单官能团含氧有机物可以是环氧丙烷和/或环氧乙烷等。

双官能团含氯有机物可以是表氯醇和/或二氯乙烯等。

无机酸可以是盐酸和/或硫酸等。

无机絮凝剂可以是聚氯化铝（PAC）、硫酸亚铁、硫酸铝中的一种或几种。

组分B是二硫代氨基甲酸盐类絮凝剂。它是由多胺与不饱和树脂反应，生成的中间体再与二硫化碳在碱性介质下反应生成二硫代氨基甲酸盐类聚合物，反应过程通常在醇介质中完成。

【产品应用】 本品特别适用于处理油田及炼油厂石油加工过程产生的含油废水。

【产品特性】 本品原料易得，配比科学，工艺简单，成本较低；产品性能优良，产生污泥和浮渣少，浮渣的黏稠性低，絮凝剂用量小，破乳性能强，除油效率高，出水水质好，适应性广。

实例7 复合絮凝剂(1)

【原料配比】

原料	配比(质量份)	
	1#	2#
硫酸酯盐	30~45	35~40
磷酸酯盐	10~15	15~20
氯化钙	20~25	—
氢氧化钙	—	15~20
硅酸钠	15~20	15~20
聚丙烯酰胺	0~1	—
次氯酸钙	1~5	—
羧甲基纤维素钠盐	10~15	10~15

【制备方法】 将上述各组分混合，在干态下进行粉碎加工，密封包装即可。

【产品应用】 本品特别适用于工业和生活污水的处理。

【使用方法】 使用时，絮凝剂加入静止的废液中时要充分搅拌，或在流动中加入，防止局部絮凝，有利于充分利用絮凝剂。用量为：1吨生活污水用300g复合絮凝剂；1吨工业污水用500g复合絮凝剂。

【产品特性】

(1)生产工艺简单，设备投资少，原料来源广，成本较低。

(2)产品絮凝速度快，用量少，去污力强，采用本品对工业污水治理后可以循环利用，对于生活污水可达标排放，且污水处理设备投资少、占地面积小。

实例8　复合絮凝剂(2)

【原料配比】

原　　料	配比(质量份)	
	1#	2#
活性麦饭石(粒度为1～3mm)	80	90
聚合氯化铝(粒度为100目)	10	5
淀粉	10	5

【制备方法】

(1)将精选的麦饭石用饮用水洗净,干燥后粉碎成粒度为1～3mm,经筛选后,再用电炉烘烤活化,烘烤温度为300～500℃,烘烤时间为90min,出炉后自然冷却,冷却后,制成活性麦饭石,待用。

(2)将聚合氯化铝与淀粉混合,取20～30℃的饮用水将两者搅拌糊化,再与上述活性麦饭石混合搅拌,使活性麦饭石表面均匀黏附。

(3)将步骤(2)所得混合物在常温、常压下干燥,制得复合絮凝剂,进行检测包装即可。

【注意事项】　聚合氯化铝为固体粉末,也可以是液态状;淀粉为粉末状。

【产品应用】　本品适用于生活用水、工业用水和污水的处理。

【产品特性】

(1)本品在投加后1～2min开始絮凝,20min完成整个絮凝沉淀过程。

(2)污泥产生量少,与单一使用聚合氯化铝相比,所产生的污泥量少30%,减少二次污染。

(3)原料易得,麦饭石和淀粉资源丰富、价格低廉,本品可节省聚合氯化铝85%以上,应用范围广。

实例9 复合絮凝剂(3)

【原料配比】

原料	配比(质量份)			
	1#	2#	3#	4#
硫酸亚铁晶体(或工业硫酸铁)	55	30	50	40
硫酸铝	—	15	10	35
水	20	35	20	35
硫酸(90% ~98%)	5	25	25	25
双氧水	20	6	16	18

【制备方法】 在容器中放入硫酸亚铁晶体和硫酸铝,混合均匀,边搅拌边加入硫酸,常温下慢慢加入双氧水,慢速搅拌,静置即得成品。

【产品应用】 本品应用于各种废水处理和污泥处置。

【产品特性】 本品生产条件为常温、常压,工艺流程简单,设备投资少,成本低,生产周期短,见效快;性能稳定,矾花大,去色效果好,COD 去除率高;采用无毒的氧化剂,不产生副产品,对环境无污染。

实例10 聚多胺环氧絮凝剂

【原料配比】

原料	配比(质量份)
己二胺残渣	400
环氧氯丙烷	138
氢氧化钠	20
硫酸	40
亚硫酸钠	2
水	400

【制备方法】

（1）将己二胺残渣粉碎至0.5mm颗粒，密封避光备用。

（2）将定量的己二胺残渣颗粒原料投入反应釜内加定量水，在65～75℃水浴上加热至完全溶解后启动搅拌，搅拌速度为200r/min，搅拌10～15min。

（3）再以2mL/min的速度滴加定量的30%浓度的氢氧化钠，同时搅拌3～5min。

（4）将温控水浴的温度升至75～80℃，以2mL/min的速度滴加定量的环氧氯丙烷，之后以200r/min的速度搅拌20min，同时将水浴温度升至85～90℃。

（5）在3～6min将水浴温度降至25℃，同时滴加定量的浓度为30%的硫酸，至pH值为8.5～9。

（6）再将水浴温度升至40～45℃，搅拌20min，之后加入定量亚硫酸钠，继续搅拌40min后，用100目筛板过滤，得制成品，制成品为橘红色透明黏稠物。

【产品应用】　本品适用于医药、化工、造纸、印染等行业的污水处理。

【产品特性】　本品原料易得，配比科学，工艺简单，成本低廉，无毒，废水处理综合性能高，同时有效利用工业下脚料己二胺残渣，具有显著的经济效益和社会效益。

实例11　聚合氯化铁絮凝剂

【原料配比】

原　料	配比（质量份）		
	1#	2#	3#
盐酸酸洗钢铁废液	1230	—	—
酸洗废液（浓度11%）	—	650	—
废铁屑	—	8	121
磷酸铵	36	—	—

续表

原　料	配比(质量份)		
	1#	2#	3#
磷酸二氢铵	—	9.92	—
稳定剂磷酸盐	—	—	11.5
氯酸钠	47.5	24.8	—
盐酸	59	20(体积份)	500(体积份)
氧化剂	—	—	29.6
水	—	30	—

【制备方法】

(1)根据盐酸酸洗废液中游离酸含量及其含铁量,加入适量铁屑和盐酸(或采用二氯化铁)、水,溶解使废液中的总铁含量达到10%以上。

(2)将沉淀澄清酸洗废液定量送入反应釜,加入适量磷酸盐(磷酸胺)稳定剂,并在搅拌及升温(<50℃)条件下定量分批注加氯酸盐类固体或溶液聚合氧化剂,在[Fe]/氧化剂<6,使氯化亚铁离子全部氧化并聚合成聚合氯化铁离子。

(3)在氧化聚合反应后期,通过逐步加入适量酸或碱进一步调节聚合铁溶液碱化度。

以1#配方为例,具体制备方法如下:称取相对密度为1.3的盐酸酸洗钢铁废液,在强烈搅拌的条件下加入稳定剂磷酸铵,充分反应后逐步分批加入氯酸钠、氧化聚合后再加入盐酸,得到总铁浓度10.4%,二价铁浓度小于0.1%,碱化度为22%的稳定性聚合氯化铁。

【产品应用】 本品适用于给水和废水混凝处理。

【产品特性】 本品原料易得,配比科学,工艺简单,产品经济适用,具有比聚合硫酸铁更高的混凝效能,且可长期储存。

实例 12　壳聚糖水处理絮凝剂

【原料配比】

原　料	配比(质量份)			
	1#	2#	3#	4#
蟹壳	10.1	5.5	—	—
虾壳	—	—	5	5
盐酸(6%)	150(体积份)	—	50(体积份)	50(体积份)
盐酸(4%)	—	82.5(体积份)	—	—
脱无机盐产物	3.2	1.7	2.9	2.7
氢氧化钠溶液(5%)	32(体积份)	—	—	—
氢氧化钠溶液(10%)	—	25(体积份)	—	—
氢氧化钠溶液(4%)	—	—	30	30(体积份)
甲壳素产物	2	1.1	0.93	1
氢氧化钠溶液(50%)	10(体积份)	—	—	—
氢氧化钠溶液(50%)	—	10(体积份)	—	—
氢氧化钠溶液(45%)	—	—	5(体积份)	5(体积份)

【制备方法】

(1)使虾蟹壳脱去无机盐:在虾蟹壳中加入盐酸,盐酸的浓度为4% ~6%(质量分数),投加比例为 1g 虾蟹壳加入 10 ~ 15mL 盐酸,在室温下,反应2.5～15h,用盐酸控制pH值小于4。

(2)反应结束后,将反应体系进行固液分离,将分离后的固相冲洗至中性,烘干得到脱无机盐产物。

(3)使虾蟹壳脱去蛋白质:在脱无机盐产物中加入氢氧化钠溶液,氢氧化钠溶液的浓度为4%～10%(质量分数),投加比例是1g脱无机盐产品加入10～15mL氢氧化钠溶液,在85～95℃下反应1～4h,搅拌速度为50～90r/min。

(4)反应结束后,将反应体系进行固液分离,将分离后的固相冲洗至中性,烘干得到甲壳素产物。

(5)脱去乙酰基:在甲壳素产物中加入浓氢氧化钠溶液,氢氧化钠的浓度为45%～55%(质量分数),投加比例为1g甲壳素产品加入5～10mL浓氢氧化钠,在温度50～115℃下反应2～16h。

(6)反应结束后,将反应体系进行固液分离,将分离后的固相冲洗至中性,烘干得到的固体颗粒即为壳聚糖水处理絮凝剂产品。产品为片状半透明固体,有少量珍珠光泽。

【产品应用】 本品可用于对低浊度地表水、高浊度地表水、生活污水及多种染料废水的处理。

【产品特性】 本品原料来源广泛,充分利用了水产品加工业的废弃物虾蟹壳,有利于降低成本和保护环境;工艺简单,所用设备均为常规化工设备,反应条件为常压,加热条件容易实现,生产周期短;产品为天然有机高分子化合物,无毒副作用,容易生物降解,对环境友好。

实例13　快速沉降型絮凝剂

【原料配比】

原　　料	配比(质量份)			
	1#	2#	3#	4#
聚丙烯酰胺胶体	500	500	500	500
硅酸钠	10	5	—	—
硅酸铝	—	—	10	—

续表

原　　料	配比(质量份)			
	1#	2#	3#	4#
硅酸钾	—	—	—	8
石英砂(粒度100目以下)	10	15	5	20
尿素	1	2	5	8
碳酸钠	1	—	—	—
碳酸铵	—	0.5	—	—
碳酸氢钠	—	—	0.2	—
碳酸氢铵	—	—	—	5

【制备方法】

(1)聚丙烯酰胺胶体的制备：质量浓度为10%～50%的丙烯酰胺单体水溶液，通氮气脱氧，加入引发剂，在20～50℃下聚合0.5～4h，得到聚丙烯酰胺胶体。

将丙烯酰胺单体配制成浓度为10%～50%的水溶液，最好是15%～30%。引发剂采用氧化—还原引发体系，如$K_2S_2O_8$—$NaHSO_3$、$(NH_4)_2S_2O_8$—$NaHSO_3$等或水溶性偶氮类引发剂，如N,N－二羟基乙基偶氮二异丁脒盐酸盐。引发剂用量为丙烯酰胺单体质量的0.01%～0.1%，最好是0.01%～0.5%，聚合时间为0.5～4h，最好是2～4h。

(2)将步骤(1)所得的聚丙烯酰胺胶体与硅酸盐、石英砂、尿素、碳酸盐等混合，用捏合机捏合。捏合温度为50～150℃，最好是50～130℃，捏合时间1～8h，最好是1～6h。

(3)将捏合机捏合后的物料采用造粒机造粒成直径为0.5～4mm的小颗粒胶体，最好是0.5～2mm。

(4)将上述小颗粒胶体在60～95℃的热风下将其干燥，干燥时间为0.5～5h。

(5)将干燥后的小颗粒胶体通过粉碎机粉碎，用60目筛网过筛得到粉剂产品。

【注意事项】　聚丙烯酰胺可以是阴离子型，也可以是非离子型，分子量应在 1000 万 ~1600 万。

【产品应用】　本品适用于高浊度污水的处理。

【产品特性】　本品采用氧化—还原引发体系，降低了引发聚合的温度，能够获得高分子量不交联的聚丙烯酰胺胶体。在捏合机捏合时加入了助剂，减缓了捏合时聚丙烯酰胺的降解，防止了此絮凝剂在干燥过程中的降解和交联。同时促进了此絮凝剂在水中的溶解速度。加入硅酸盐、石英砂等助剂，可使在水处理过程中能形成大而密实的絮团，并且快速沉降。

实例 14　木质素季铵盐阳离子絮凝剂

【原料配比】

原料		配比（质量份）						
		1#	2#	3#	4#	5#	6#	7#
木质素		5	5	5	5	5	5	5
甲醛（37%）		60	20	40	40	40	60	40
水		90	—	—	—	—	90	90
溶剂	1,4－二氧六环	60	—	—	—	—	60	60
	二甲基亚砜	—	50	—	—	—	—	—
	乙醇	—	—	50	—	—	—	—
	二甲基甲酰胺	—	—	—	40	—	—	—
	吡啶	—	—	—	—	40	—	—
胺组分	二乙烯三胺	60	10	40	—	—	60	—
	乙二胺	—	—	—	20	60	—	20
强酸催化剂	磷酸（5mol/L）	—	10	—	—	—	—	—
	盐酸（5mol/L）	—	—	5	—	5	5	—
	硫酸（5mol/L）	—	—	—	5	—	—	10

续表

原料		配比(质量份)						
		1#	2#	3#	4#	5#	6#	7#
烷基化试剂	1,2－二氯乙烷	20	—	1mol	—	30	—	—
	硫酸二甲酯	—	0.25mol	—	—	—	—	—
	环氧氯丙烷	—	—	—	20	—	—	20
	碘甲烷	—	—	—	—	—	15	—

【制备方法】　本品改性工艺采用了曼尼希缩合反应在木质素骨架上嵌接铵盐基团,然后烷基化制备季铵盐阳离子絮凝剂。具体的合成工艺步骤如下:

1. 制备方法 1

(1)用溶剂溶解木质素。

(2)向步骤(1)所得溶液中加入甲醛、水或聚甲醛试剂,同时加入胺组分,以一定的速度搅拌。

(3)向步骤(2)所得搅拌均匀的物料中加入强酸催化剂,在 30 ~ 120℃的温度下,反应 1 ~ 10h,催化剂的加入量为每克木质素 0 ~ 0.02mol 强酸。

(4)上述曼尼希缩合反应完成后,加入烷基化试剂,反应温度为 40 ~ 100℃,反应时间为 0.5 ~ 6h。

(5)反应完成后采用减压蒸馏法分离溶剂与产品。

2. 制备方法 2

(1)用溶剂溶解木质素。

(2)将醛组分(甲醛或聚甲醛)与胺组分先反应制备亚甲基二胺。

(3)将制得的亚甲基二胺与木质素反应,搅拌均匀后加入强酸催化剂,在 30 ~ 120℃的温度下,反应 1 ~ 10h,催化剂的加入量为每克木质素 0 ~ 0.02mol 强酸。

(4)上述曼尼希缩合反应完成后,加入烷基化试剂,反应温度为 40 ~ 100℃,反应时间为 0.5 ~ 6h。

(5)反应完成后采用减压蒸馏法分离溶剂与产品。

【产品应用】 本品可用于处理染料废水、印染废水等多种难以处理的废水。

【产品特性】 本品原料易得,生产成本低,反应过程容易控制,所合成的阳离子絮凝剂的絮凝性能不仅表现在可通过电荷中和及架桥作用而使胶体颗粒凝聚,而且还能与带负电荷的可溶性有机物通过化学作用而形成不溶性物质,然后沉淀去除。

本品无副反应,絮凝效果好,脱色率在95%以上,最高可达100%,COD去除率在70%~90%,且投药量低。

实例15　纳米超高效絮凝剂

【原料配比】

原　　料	配比(质量份)	
	1#	2#
纳米级氧化物	5	10
聚丙烯酰胺	45	25
阳离子型聚丙烯酰胺	40	—
阴离子型聚丙烯酰胺	—	25
非离子型聚丙烯酰胺	10	20
TXY 高分子絮凝剂	—	20
水	适量	适量

【制备方法】 将纳米级氧化物、聚丙烯酰胺、阳离子型聚丙烯酰胺(或阴离子型聚丙烯酰胺)、非离子型聚丙烯酰胺、TXY 高分子絮凝剂一次性投放到双螺旋搅拌器中混合1~2h,即可得成品。

还可以将上述混合料一次性投放至反应釜中,按照混合料：水=1：(80~120)的比例加水,启动搅拌器,转速为60r/min,反应釜夹套通蒸汽加热,保持温度在75~85℃并搅拌3~4h,即可得到溶液型成品。

【注意事项】 原料中的纳米级氧化物是指粒度为25~100nm的

二氧化硅、三氧化二铝、氧化锆、氧化铈四种原料其中之一或两种以上的混合物。

【产品应用】　本品是用于废水处理的絮凝剂。

【使用方法】　使用时,以溶液状态按常规滴加方式加入被处理的废水中即可,最大用量为1t废水加入有效成分0.01kg。

【产品特性】　本品絮凝速度快、矾花大,沉淀时间短,10min内可达到完全沉淀;絮凝效果好,投药量小,运行可靠,可大幅度降低废水处理成本,同时彻底消除二次污染,所处理废水的排放指标稳定。

实例16　纳米无机絮凝剂(1)

【原料配比】

原　料	配比(质量份)					
	1#	2#	3#	4#	5#	6#
硫酸铝	3.4	4.4	2.4	—	—	2.4
水	4	4	4	—	—	4
阳离子型聚丙烯酰胺	—	9.2	—	—	—	—
阴离子型聚丙烯酰胺	—	—	5.2	—	—	3.2
非离子型聚丙烯酰胺	7.2	—	—	—	—	2
水	5	4	4	—	—	4
二氧化硅纳米粒子	—	—	—	5	—	1
二氧化钛纳米粒子	—	—	—	—	5	—
氢氧化钾	—	—	—	0.5	0.5	—
环氧丙烷	—	—	—	40	20	—
环氧乙烷	—	—	—	40	60	—
聚醚318	—	—	—	—	—	2

【制备方法】

(1)将硫酸铝溶于水中,充分溶解,配制成30%～70%的硫酸铝溶液。

(2)将聚醚318溶于水中,充分搅拌均匀,配制成聚合物溶液。

(3)将步骤(1)所得溶液缓慢滴入步骤(2)所得聚合物溶液中,得混合溶液。

(4)向步骤(3)所得混合溶液中缓慢滴入氨水溶液,使混合溶液的pH值为7,再反应8~10h,得纳米核膜结构聚合物—无机絮凝剂。

将所得的纳米核膜结构聚合物—无机絮凝剂以与水的质量配比为1∶(80~120)的比例加水,保持温度在75~85℃并搅拌3~4h,得溶液型纳米核膜结构聚合物—无机絮凝剂。

【注意事项】 聚合物可以是聚丙烯酰胺、聚氧乙烯、聚环氧丙烷、环氧乙烷—环氧丙烷的嵌段共聚物或聚环氧乙烷其中之一或其共聚物。优选聚丙烯酰胺和环氧乙烷—环氧丙烷的嵌段共聚物。

所述聚丙烯酰胺可以是阳离子型聚丙烯酰胺、阴离子型聚丙烯酰胺、两性离子聚丙烯酰胺或非离子型聚丙烯酰胺其中之一或其任意比例的混合物。

纳米无机氧化物可以是无机物二氧化钛、二氧化硅;磁性纳米粒子如四氧化三铁、三氧化二铁;金属纳米粒子如金、银、铂、钯;可以是上述无机物中之一种,也可以是其中两种以上以任意比例混合的复合纳米颗粒。

纳米无机氧化物的粒径范围在10~100nm。

聚醚类表面活性剂可以是多元醇与低链环氧烷烃的共聚物,包括三元醇与环氧丙烷、环氧乙烷的共聚醚,三元醇与环氧丙烷的共聚醚,二元醇聚醚,多元混合醇与环氧丙烷的加成物,二元醇与环氧丙烷、环氧乙烷的加成物,烯醇与环氧丙烷、环氧乙烷共聚醚。

【产品应用】 本品特别适用于油田、煤泥废水处理。

【使用方法】 本品实际使用时以溶液状态按常规加药方式加至被处理的废水中。

【产品特性】

(1)絮凝速度快,10min内可达到完全沉淀。

(2)用药量小,最大用量为1t废水加入有效成分0.01kg,可节约药剂费用40%。

(3)絮凝效果好,沉淀完全,处理废水的排放指标稳定,运行可靠。

实例17　纳米无机絮凝剂(2)

【原料配比】

原　料	配比(质量份)						
	1#	2#	3#	4#	5#	6#	7#
硫酸铝	4.4	4.4	—	—	—	—	2.4
阳离型聚丙烯酰胺	9.2	9.2	—	—	—	—	—
阴离子型聚丙烯酰胺	—	—	—	—	—	—	3.2
非离子型聚丙烯酰胺	—	—	—	—	—	—	2
丙烯酰胺	—	—	—	20	—	20	—
聚乙烯吡咯烷酮	—	0.05	—	—	—	—	—
γ-胺丙基三乙氧基硅烷	—	—	0.05	—	0.05	—	—
甲基丙烯酰氧丙基三甲基硅烷	—	—	—	0.05	—	0.05	—
二氧化硅纳米粒子	—	—	5	—	—	—	1
二氧化钛纳米粒子	—	—	—	5	—	—	—
四氧化三铁纳米粒子	—	—	—	—	5	—	—
三氧化二铁纳米粒子	—	—	—	—	—	5	—
乙醇	—	—	10	10	10	10	—
水	8	8	—	1000	—	1000	8
环氧乙烯	—	—	适量	—	适量	—	—
环氧乙烷	—	—	40	—	40	—	—
氢氧化钠	—	—	0.4	—	0.4	—	—
氨水	—	—	—	—	—	—	—
过硫酸钾	—	—	—	0.01	—	0.01	—
聚醚318	—	—	—	—	—	—	2

【制备方法】

(1)将硫酸铝溶于水中,充分溶解,配制成30%~70%的硫酸铝溶液。

(2)将偶联剂加入硫酸铝溶液中,得到改性硫酸铝溶液。

(3)将聚醚318溶于水中,充分搅拌均匀,配制成聚合物溶液。

(4)将改性硫酸铝水溶液升温至100℃,加入环氧乙烯。

(5)滴加完毕并充分混合,反应2h后再滴入适量碱液(可以氨水或氢氧化钠),使混合液的pH值在7附近,反应5h。

(6)升温至180℃,将聚合物溶液慢慢滴加入步骤(5)所得溶液中,充分反应1h,得纳米核膜结构聚合物—无机絮凝剂。

将所得的纳米核膜结构聚合物—无机絮凝剂以与水的质量配比1:(80~120)的比例加水,保持温度在75~85℃,并搅拌3~4h,得溶液型纳米核膜结构聚合物—无机絮凝剂。

【注意事项】 聚合物可以是聚丙烯酰胺、聚氧乙烯、聚环氧丙烷、环氧乙烷—环氧丙烷的嵌段共聚物或聚环氧乙烷其中之一或其共聚物;优选聚丙烯酰胺和环氧乙烷—环氧丙烷的嵌段共聚物。所述聚丙烯酰胺可以是阳离子型聚丙烯酰胺、阴离子型聚丙烯酰胺、两性离子聚丙烯酰胺或非离子型聚丙烯酰胺其中之一或其任意比例的混合物。

偶联剂可以是聚乙烯吡咯烷酮;也可以是硅烷偶联剂,如γ-胺丙基三乙氧基硅烷、甲基丙烯酰氧丙基三甲基硅烷等。

纳米无机氧化物可以是无机物二氧化钛、二氧化硅;磁性纳米粒子如四氧化三铁、三氧化二铁;金属纳米粒子如金、银、铂、钯;可以是上述无机物中之一种,也可以是其中两种以上以任意比例混合的复合纳米颗粒。

纳米无机氧化物的粒径范围在10~100nm。

聚醚类表面活性剂可以是多元醇与低链环氧烷烃的共聚物,包括三元醇与环氧丙烷、环氧乙烷的共聚醚,三元醇与环氧丙烷共聚醚,二元醇聚醚,多元混合醇与环氧丙烷的加成物,二元醇与环氧丙烷、环氧乙烷的加成物,烯醇与环氧丙烷、环氧乙烷共聚醚、环氧乙烯。

【产品应用】 本品特别适用于油田、煤泥废水的处理。

【使用方法】 本品实际使用时以溶液状态按常规加药方式加至被处理的废水中即可。

【产品特性】　本品将纳米无机氧化物与聚合物形成核膜结构的纳米级絮凝剂，由于纳米级粉体颗粒的比表面积大，表面能量高，从而使原絮凝剂改性，大大地提高了絮凝剂的活性，使其在水处理中作用明显。

实例 18　三元共聚高分子絮凝剂

【原料配比】

原料		配比(质量份)			
		1#	2#	3#	4#
去离子水		35	29.5	63	51
乙酸		1	0.6	—	—
丙酸		—	—	1.5	—
柠檬酸		—	—	—	1.8
壳聚糖		2	2	3	4.5
A	丙烯酰胺	9.5	12	18	23
B	二甲基二烯丙基氯化铵	4	—	—	—
	丙烯酰胺丙基三甲基氯化铵	—	5.5	—	—
	甲基丙烯酸三甲胺乙酯氯化铵	—	—	9	—
	三甲氨基丙烯酸甲酯氯化铵	—	—	—	12
C	脂肪醇聚氧乙烯醚	2	1.5	5	6
D	硝酸铈铵	0.2	—	—	—
	过氧化苯甲酰	—	0.2	—	—
	过硫酸钾—尿素	—	—	0.5	—
	过硫酸铵—亚硫酸氢钠	—	—	—	0.4
氢氧化钠		0.2	—	—	—
氨水		—	0.15	—	—
氢氧化钾		—	—	0.3	—
碳酸氢钠		—	—	—	0.18

注　A 为非离子单体，B 为阳离子单体，C 为非离子表面活性剂，D 为引发剂。

【制备方法】

(1)在反应釜中加入去离子水和酸,然后加入壳聚糖,溶解完全,再加入非离子单体,待其溶解完全后再加入阳离子单体,搅拌混合均匀,然后加入非离子表面活性剂,搅拌,分散整个溶液。

(2)向步骤(1)所得溶液中加入相当于溶液总质量0.05%~0.5%的过氧化类或过硫酸盐类引发剂,进行链引发聚合反应,控制聚合温度在30~75℃,聚合时间2~6h。

(3)向步骤(2)所得反应产物中加碱,如氢氧化钠、氢氧化钾、氨水等,将反应产物的pH值调节至3.5~5.5,即得产品。

【产品应用】 本品适用于污水处理。

【产品特性】 本品原料配比科学,工艺简单合理,采用三元共聚体系,生成的产品为三元共聚物,综合性能优良,絮凝速度快,用量少,COD去除率及色度去除率高,pH值适用范围较宽,处理效果好。

实例19 污水处理絮凝剂(1)

【原料配比】

原料		配比(质量份)		
		1#	2#	3#
A	海水	99	—	—
	海水制盐后卤水	—	99.4	50
	地下卤水	—	—	48.9
B	聚硫酸铁	0.5	—	0.7
	聚氯化铝	—	0.5	—
C	二氧化硅(20nm)	—	0.05	—
	蒙脱石(20nm)	0.5	—	—
	高岭土(50nm)	—	0.05	—
	滑石粉(7nm)	—	—	0.4

【制备方法】 将上述各组分混合搅拌均匀即可。

【产品应用】　本品适用于污水的处理。

【产品特性】

(1)海水、地下卤水、海水制盐后的卤水中有纳米尺寸的碳酸钙、碳酸镁等颗粒及海水中的微量元素,它能改变被处理污水电位,絮凝速度快,絮凝效果好,而且为微生物提供了营养盐,有利于生物污泥中微生物的增长。

(2)采用本品处理污水费用低。

(3)2~100nm 的二氧化硅、蒙脱石、高岭土、滑石粉还能增加对污水中有害物质的吸附容量,使产品具有更好的絮凝效果。

实例20　污水处理絮凝剂(2)

【原料配比】

原料		配比(质量份)
A 剂	硫酸铝	150
	硫酸亚铁	50
	水	750
B 剂	氧化钙	100
	高锰酸钾	0.01
	水	500
C 剂	聚丙烯酰胺	2
	水	1000

【制备方法】

(1)将硫酸铝粉碎后,放入溶解罐中,加入水进行搅拌,使其充分溶解;再将硫酸亚铁粉碎后,放入溶解罐中,搅拌,使其充分溶解;然后将以上两种溶液放入化合罐中,搅拌,使之充分混合,即制得 A 剂。

(2)将氧化钙经粉碎后放入溶解罐中,加水,搅拌,使其充分溶解成石灰乳,经 40 目筛过滤,制得氧化钙溶液;再将高锰酸钾加水,溶解成高锰酸钾溶液,然后将以上两种溶液充分混合,即制得 B 剂。

(3)向聚丙烯酰胺中加水,放入溶解罐中,经充分搅拌、溶解,可制得C剂。

【产品应用】　本品可广泛用于各种工业废水和城市生活污水的处理。

【使用方法】　使用时,根据污水的酸碱度,先加A剂和B剂调节污水的pH值,再加C剂助凝。具体应用操作如下:处理酸性污水时,先用B剂将污水的pH值调节至8~10,再用A剂将污水的pH值调节至6~7,最后加入C剂助凝;处理碱性污水时,先用A剂将污水的pH值调节至3~5,再用B剂将污水的pH值调节至6~7,最后加入C剂助凝;处理中性污水时,先用A剂将污水的pH值调节至3~5,再用B剂将污水的pH值调节至6~7,最后加入C剂助凝,静置20~30min即可。

【产品特性】　本品原材料来源广泛,价格低廉,工艺流程简单,经济效益好;性能优良,处理污水速度快,有很强的絮凝和助凝作用,能使污水中的胶体粒子失去稳定性,形成大的团絮快速下沉,从而使水质变得澄清;应用广泛,可任意调节污水的pH值,使用方便;经本品处理后的污水排放指标稳定,并能回用于工农业生产用水,有利于节约资源、保护环境。

实例21　污水处理絮凝剂(3)

【原料配比】

原　料	配比(质量份)		
	1#	2#	3#
氢氧化钠	111	2.78	55.5
丙烯酸	200	5	100
活性炭	2	0.55	1
尿素	2	0.05	1.5
皂基	0.25	0.007	0.12

续表

原　　料	配比(质量份)		
	1#	2#	3#
亚硫酸钠	0.05	0.0005	0.01
过硫酸钠	0.18	0.0045	0.1
水	390	9.76	197.5

【制备方法】

(1)将氢氧化钠溶于水中,将温度控制在45℃以下,将其加入丙烯酸中,搅拌均匀,控制温度低于35℃,再向其中加入活性炭,搅拌2h后过滤,可得到丙烯酸盐(丙烯酸钠)溶液。

(2)将尿素、皂基、亚硫酸钠、过硫酸钠溶解于水中,搅拌均匀,可得到聚合助剂液。

(3)将步骤(1)所得丙烯酸盐溶液用氢氧化钠调节pH值至12~12.5,加入步骤(2)所得助剂液,搅拌混合均匀。

(4)将步骤(3)所得物料倒入有条形格的塑料盘(由聚氯乙烯、聚丙烯、聚四氟乙烯制成,也可用内衬塑料薄膜的不锈钢盘代替)中,在常温下静置聚合3~10h,用解碎机解成小颗粒,干燥粉碎得到成品。

【注意事项】　本品原料中的氢氧化钠是中和丙烯酸以及调整体系pH值的碱,也可以选用氢氧化钾、碳酸氢钠或碳酸钠。

活性炭的作用是在丙烯酸盐溶液制得后去除其中的阻聚剂。

过硫酸钠和亚硫酸钠复合物为引发剂,可由以下方法制得:将亚硫酸钠与过硫酸钠分别溶解于水中,再将两者混合均匀。引发剂也可以选用过硫酸钠或过硫酸钾和亚硫酸钠、亚硫酸氢钠或亚硫酸氢钾复合物。

尿素是防止交联剂,也可以选用EDTA。

皂基是防止结团剂,也可以选用硬脂酸钠。

聚合助剂液各组分的配比范围是:防止交联剂0.5~4,防止结团剂0.1~0.5,引发剂0.16~0.46,水10~30。

【产品应用】　本品广泛适用于食品工业、造纸行业、城市污水处理，烧碱和纯碱制造业的盐水精制，制糖行业糖汁澄清以及氧化铝厂的赤泥沉降分离等各个方面。

【产品特性】 本品应用范围广，性能优良，分子量高，残留单体含量低，水溶解性能好，溶解时不结团，存放不易吸潮，并且凝胶容易切碎干燥。

实例22 污水处理絮凝剂(4)

【原料配比】

原料	配比(质量份)			
	1#	2#	3#	4#
聚丙烯酰胺	20	20	20	20
盐	16	16	15	15
催化剂	16.5	16.5	16.5	16.5
水	1000	1000	1000	1000
硫酸(或盐酸)	—	适量	—	—
硫酸铝	—	—	30~100	—

【制备方法】 先将水放入反应釜中，升温到30~40℃时加入盐使之溶解，在搅拌的情况下加入聚丙烯酰胺，渐升温至55℃，待其全溶后，降温至30~45℃，加入催化剂、硫酸或盐酸和硫酸铝，在35~55℃下保温2h出料，即为成品(也可在35~45℃内将所有原料投入后，保温、搅拌，待聚丙烯酰胺全溶后出成品)。

【注意事项】 本品催化剂可通过以下方法制得：控制温度在75℃以下，最低温度为30~45℃，将二甲胺与氨水(尿素)混合后，再与甲醛混合，混合完毕，于35~65℃下保温30~60min后冷却备用。其各组分的配比范围是：甲醛50，二甲胺为60，氨水(或尿素)60。

【产品应用】 本品除用于造纸废水处理外，可广泛用于400多种废污水处理，例如：制革、印染、化工、制药、绢麻、冶炼、洗煤、电镀、电厂、石油、建材、油质等,还可处理垃圾湯水及生活污水。

【使用方法】 使用时,可根据需要稀释 10~500 倍,也可以和净水剂配合使用。

【产品特性】 本品使用设备简易,占地面积小,投资少,运行费用低;絮凝速度快,时间短,可在 1~5s 内产生大而牢固的矾花,易固液分离,处理效果好,不产生二次污染。

实例23 污水处理絮凝剂(5)

【原料配比】

原料		配比(质量份)
A 剂	硫酸铝	150
	硫酸亚铁	50
	水	750
B 剂	氧化钙	100
	高锰酸钾	0.01
	水	500
C 剂	聚丙烯酰胺	2
	水	1000

【制备方法】

(1)将硫酸铝粉碎后,放入溶解罐中,加入水进行搅拌,使其充分溶解;再将硫酸亚铁粉碎后,放入溶解罐中,搅拌,使其充分溶解;然后将以上两种溶液放入化合罐中,搅拌,使之充分混合,即得 A 剂。

(2)将氧化钙经粉碎后放入溶解罐中,加水,搅拌,使其充分溶解成石灰乳,经 40 目筛过滤,制得氧化钙溶液;再将高锰酸钾加水,溶解成高锰酸钾溶液,然后将以上两种溶液充分混合,即得 B 剂。

(3)向聚丙烯酰胺中加水,放入溶解罐中,经充分搅拌、溶解,即得 C 剂。

【产品应用】 本品可广泛用于各种工业废水和城市生活污水的处理。

【使用方法】 使用时,根据污水的酸碱度,先加A剂和B剂调节污水的pH值,再加C剂助凝。具体应用如下:处理酸性污水时,先用B剂将污水的pH值调节至8~10,再用A剂将污水的pH值调节至6~7,最后加入C剂助凝;处理碱性污水时,先用A剂将污水的pH值调节至3~5,再用B剂将污水的pH值调节至6~7,最后加入C剂助凝;处理中性污水时,先用A剂将污水的pH值调节至3~5,再用B剂将污水的pH值调节至6~7,最后加入C剂助凝,静置20~30min即可。

【产品特性】 本品原材料来源广泛,价格低廉,工艺流程简单,经济效益好;性能优良,处理污水速度快,有很强的絮凝和助凝作用,能使污水中的胶体粒子失去稳定性,形成大的团絮快速下沉,从而澄清水质;应用广泛,可任意调节污水的pH值,使用方便;经本品处理后的污水排放指标稳定,并能回用于工农业生产用水,有利于节约资源,保护环境。

实例24 污水处理絮凝剂(6)

【原料配比】

原料	配比(质量份)		
	1#	2#	3#
氢氧化钠	111	2.78	55.5
丙烯酸	200	5	100
活性炭	2	0.55	1
尿素	2	0.05	1.5
皂基	0.25	0.007	0.12
亚硫酸钠	0.05	0.0005	0.01
过硫酸钠	0.18	0.0045	0.1
水	390	9.76	197.5

【制备方法】

(1)将氢氧化钠溶于水中,温度控制在45℃以下,将其加入丙烯酸中,搅拌均匀,控制温度低于35℃,再向其中加入活性炭,搅拌2h后过滤,可得到丙烯酸盐(丙烯酸钠)溶液。

(2)将尿素、皂基、亚硫酸钠、过硫酸钠溶解于水中,搅拌均匀,可得到聚合助剂液。

(3)将步骤(1)所得丙烯酸盐溶液用氢氧化钠调节pH值至12~12.5,加入步骤(2)所得助剂液,搅拌混合均匀。

(4)将步骤(3)所得物料倒入有条形格的塑料盘(由聚氯乙烯、聚丙烯、聚四氟乙烯制成,也可用内衬塑料薄膜的不锈钢盘代替)中,在常温下静置聚合3~10h,用解碎机解成小颗粒,干燥粉碎得到成品。

【注意事项】　本品皂基是防止结团剂,也可以选用硬脂酸钠。

【产品应用】　本品广泛适用于食品工业、造纸行业、城市污水处理,烧碱和纯碱制造业的盐水精制,制糖行业糖汁澄清以及氧化铝厂的赤泥沉降分离等各个方面。

【产品特性】　本品应用范围广,性能优良,分子量高,残留单体含量低,水溶解性能好,溶解时不结团,存放不易吸潮,并且凝胶容易切碎干燥。

实例25　污水处理絮凝剂(7)

【原料配比】

原　　料	配比(质量份)
水	40
盐酸(30%)	50
金属铝	3.5
$Al(OH)_3$	3.5
$Fe_2(SO_4)_3$	3
稳定剂钾明矾	0.007

【制备方法】

(1)在搪瓷反应釜中加入水,在搅拌的前提下加入盐酸,搅拌均匀后加入金属铝,再加入$Al(OH)_3$进行反应,分为引发反应、激烈反应和稳定恒温反应三个阶段。

(2)将步骤(1)反应所得产物放入搪瓷反应缸中,在不停搅拌的情况下加入 $Fe_2(SO_4)_3$,反应时间为1.5h,然后加入稳定剂,搅拌均匀后,将物料放入缸中进行自然沉降处理。沉降时间为48h,即得成品。

【产品应用】 本品可用于印染、化工、电镀和造纸行业的污水处理。

【产品特性】 本品成本低,生产工艺简单且用量少;性能优良,脱色率高,沉淀快。

实例26 无机高分子絮凝剂(1)

【原料配比】

原料		配比(质量份)		
		1#	2#	3#
十八水合硫酸铝		860	860	860
盐酸		62	70	80
氮化合物助剂	尿素	1	—	—
	碳铵或硝铵	—	2	—
	硫铵	—	—	3.5
硫酸		85	90	97

【制备方法】 将十八水合硫酸铝热溶后,加入盐酸,再加入氮化合物助剂,最后加入硫酸,加热蒸发浓缩、常温固化,粉碎得絮凝剂产品;或在生产硫酸铝的过程中,当硫酸铝处于液态时,按前述顺序及计量标准(以产品为固体计算),分次加入盐酸、助剂、硫酸,然后经蒸发浓缩、常温固化,粉碎得絮凝剂产品。

【产品应用】 本品适用于城镇综合废水净化处理。

【产品特性】 本品为无机高分子类絮凝剂,它较之于无机类絮凝剂,如三氯化铁、聚合氯化铝、聚合硫酸铁等,无论在制作工艺、产品性能和生产成本等方面,都有很大不同,显现出巨大的进步和优越性。用它对城镇综合废水进行处理,是三氯化铁和聚合氯化铝的最佳替代品。其生产成本比三氯化铁低70%以上，比聚合氯化铝低60%以上，而治污效果却高于三氯化铁和聚合氯化铝，经济效益和社会效益显著。

实例27　无机高分子絮凝剂(2)

【原料配比】

表1　絮凝剂

原料		配比(质量份)										
		1#	2#	3#	4#	5#	6#	7#	8#	9#	10#	11#
A组分		50	20	70	30	70	20	30	70	20	50	20
B组分	聚合氯化铝	20	60	10	10	10	60	10	10	60	—	—
	聚合硫酸铝	—	—	—	—	—	—	—	—	—	20	60
C组分	硅酸钠盐酸溶液(20%)	30	20	—	—	—	20	—	—	—	—	—
	硅酸钠盐酸溶液(30%)	—	—	20	—	—	—	—	20	—	—	—
	硅酸钠盐酸溶液(10%)	—	—	—	60	20	—	60	—	20	—	—
	硅酸钠硫酸溶液(20%)	—	—	—	—	—	—	—	—	—	30	20

表2　A组分

原料	配比(质量份)										
	1#	2#	3#	4#	5#	6#	7#	8#	9#	10#	11#
氯化镁	1	1	1	1	1	1	1	1	1	—	—
氯化铁	2	1	3	1	1	1	3	3	1	—	—
聚合氯化铝	2	1	3	3	3	1	3	1	3	—	—

续表

原料	配比(质量份)										
	1#	2#	3#	4#	5#	6#	7#	8#	9#	10#	11#
盐酸溶液(20%)	11	—	—	—	—	—	—	—	—	—	—
盐酸溶液(10%)	—	7	—	—	—	7	—	11	11	—	—
盐酸溶液(30%)	—	—	15	11	11	—	15	—	—	—	—
硫酸镁	—	—	—	—	—	—	—	—	—	1	1
硫酸铁	—	—	—	—	—	—	—	—	—	2	1
聚合硫酸铝	—	—	—	—	—	—	—	—	—	2	1
硫酸溶液(20%)	—	—	—	—	—	—	—	—	—	11	—
硫酸溶液(10%)	—	—	—	—	—	—	—	—	—	—	7

【制备方法】 将液态的 A 组分加入反应釜中,加入 C 组分,用加热器加热至 30 ~ 110℃(优选 40 ~ 100℃,最佳为 70℃),用搅拌器搅拌至呈均匀溶液,然后加入 B 组分,再用搅拌器搅拌,使其混合均匀,停止搅拌逐渐冷却呈软膏状,检验合格后包装即为成品。

【注意事项】 本品由 A 组分、B 组分和 C 组分构成,A 组分是 Mg 的盐酸盐、Fe 的盐酸盐、Al 的聚合盐酸盐和 10% ~ 30% 盐酸溶液组合物,质量配比为 Mg 的盐酸盐 : Fe 的盐酸盐 : Al 的聚合盐酸盐 : 10% ~ 30% 盐酸溶液 = 1 : (1 ~ 3) : (1 ~ 3) : (7 ~ 15);或 A 组分是 Mg 的硫酸盐、Fe 的硫酸盐、Al 的聚合硫酸盐和 10% ~ 30% 硫酸溶液组合物,质量配比为 Mg 的硫酸盐 : Fe 的硫酸盐 : Al 的聚合硫酸盐 : 10% ~ 30% 硫酸溶液 = 1 : (1 ~ 3) : (1 ~ 3) : (7 ~ 15)。

B 组分是 Al 的聚合盐酸盐或 Al 的聚合硫酸盐。

C 组分是可溶性硅酸盐的 10% ~ 30% 酸性溶液。硅酸盐可以是硅酸钠或硅酸钾,酸性溶液是指盐酸溶液或硫酸溶液。

【产品应用】 本品可用于油田污水、工业废水的处理,也可以用于饮用水中砷和氟的去除处理。

【产品特性】　本品原料配比科学,工艺简单,成本较低,易于推广应用;产品具有絮凝速度快、絮体密实、沉淀分离效率高、使用范围广等优点。

实例28　无机高分子絮凝剂(3)

【原料配比】

原料		配比(质量份)		
		1#	2#	3#
十八水合硫酸铝		860	860	860
盐酸		62	70	80
氮化合物助剂	尿素	1	—	—
	碳铵(或硝铵)	—	2	—
	硫铵	—	—	3.5
硫酸		85	90	97

【制备方法】　将十八水合硫酸铝热溶后,加入盐酸,再加入氮化合物助剂,最后加入硫酸,加热蒸发浓缩、常温固化,粉碎得絮凝剂产品;或在生产硫酸铝的过程中,当硫酸铝处于液态时,按前述顺序及计量标准(以产品为固体计算),分次加入盐酸、助剂、硫酸,然后经蒸发浓缩、常温固化,粉碎得絮凝剂产品。

【产品应用】　本品适用于城镇综合废水净化处理。

【产品特性】　本品为无机高分子类絮凝剂,它较之于无机类絮凝剂,如三氯化铁、聚合氯化铝、聚合硫酸铁等,无论在制作工艺、产品性能和生产成本等方面,都有很大不同,显现出巨大的进步和优越性。用它对城镇综合废水进行处理,是三氯化铁和聚合氯化铝的最佳替代品。其生产成本比三氯化铁低70%以上,比聚合氯化铝低60%以上,而治污效果却高于三氯化铁和聚合氯化铝,经济效益和社会效益显著。

实例29 阳离子高分子絮凝剂(1)

【原料配比】

原料	配比(质量份)	
	1#	2#
淀粉(或纤维素)	5	5
丙烯酰胺	12	12
甲醛	12	12
二甲胺	16.7	16.7
催化剂	适量	适量
溶剂	249	218

【制备方法】

(1)将淀粉或纤维素及部分溶剂加入装有搅拌装置的反应釜中，再加入催化剂在40~70℃的温度条件下反应30min，然后加入丙烯酰胺，温度维持在40~70℃反应2.5~5h。

(2)向步骤(1)所得混合物中加入二甲胺，在40~70℃下反应30~60min，再加入甲醛，温度维持在40~70℃反应1~2.5h，最后加入剩余的溶剂，反应30~60min至物料搅拌均匀即可出料。

【注意事项】 原料中的淀粉或纤维素，其粒度为200~1000目，优选粒度为500目；丙烯酰胺可选用工业级或三级试剂，优选工业级；甲醛可选用质量分数30%~36%的工业级或三级试剂，优选工业级质量含量为36%；二甲胺可选用质量含量33%~40%的工业级或三级试剂，优选工业级质量含量为40%；催化剂可以是铈盐、过氧化氢、高锰酸钾—无机酸或过硫酸钾—亚硫酸盐，优选高锰酸钾—硫酸或乙酸或过硫酸钾—亚硫酸钠氧化还原催化剂；溶剂可以选用去离子水。

【产品应用】 本品是用于污水处理的絮凝剂。

【使用方法】 使用时，用量一般为污泥浓度0.1%~1%(质量分数)之间。

【产品特性】 本品用量少，处理成本低，脱水时间短且效率高，与污泥混合15~20s形成大絮状泥团迅速沉淀，溶液澄清。

实例30　阳离子高分子絮凝剂(2)

【原料配比】

原　　料	配比(质量份)					
	1#	2#	3#	4#	5#	6#
聚丙烯酰胺	850	124	238	36	750	1230
水	4000	727.8	730	3000	2237	3776.4
催化剂	40.24	0.1325	0.11325	0.3	0.18	0.272
苛性碱	5	0.8	1	2.7	2.5	4.8
甲醛	74.4	13.6	16.6	42	50.8	74.4
二甲胺	85	17.2	19.2	50	60	85

【制备方法】

(1)在氮气置换反应容器(氮气的压力为0.2～0.3MPa)内放入水,将聚丙烯酰胺加入到水中,搅拌使之完全溶解。

(2)在步骤(1)所得溶液中加入苛性碱,调整pH值在8～9,然后加入催化剂,并搅拌均匀。

(3)向步骤(2)所得溶液中加入甲醛,反应温度控制在48～52℃,加完后保温反应1h。

(4)将步骤(3)所得溶液升温到68～72℃,加入二甲胺进行反应,待二甲胺加完后保温反应1h,得到的无色透明胶体溶液即为成品。

【注意事项】　原料中的聚丙烯酰胺可以通过以下方法制得:向丙烯酰胺单体(可以是丙烯酰胺晶体或丙烯酰胺水溶液)中加入去离子水,使丙烯酰胺的含量为8%～10%,再加入丙烯酰胺质量3×10^{-4}～2.1×10^{-4}倍的催化剂,在60℃温度下搅拌反应10～60min即可。

原料中的水可以是自来水或去离子水;催化剂是指过硫酸盐催化剂,可以是过硫酸钾、过硫酸钠、过硫酸铵等;苛性碱可以是苛性钠或苛性钾。

【产品应用】　本品主要用于污水处理。

【产品特性】　本品原料易得,成本低,设备投资小,制备工艺简单，生产周期短；性能优良，具有架桥吸附作用及电荷中和作用，同液体中的悬浮颗粒混凝时间短，形成的絮块大而且更密实，沉降速度快；沉降的污泥脱水更彻底，处理后的污泥可当复合农家肥使用，不会造成土壤板结，又避免了二次污染。

实例31　有机高分子絮凝剂(1)

【原料配比】

原　料	配比(质量份)			
	1#	2#	3#	4#
无机铵盐	4	4	5	4
脂肪醛	25	26.8	28	30
二氰二胺	9	19	16	20
三氯化磷	15	20	23	23
添加剂	2	2.2	3	0.5
水	47	28	25	22.5

【制备方法】

(1)将无机铵盐溶于盛有脂肪醛和水的反应器中，反应温度控制在10～60℃，加入二氰二胺，并将反应温度升至60～95℃，反应时间控制在0.5～3h，进行缩聚反应；

(2)将步骤(1)中的反应液温度降至20～70℃，加入三氯化磷，再将反应温度升至90～120℃，反应2～9h，然后将物料温度降至45～85℃，加入添加剂，继续反应1～3h，冷却至室温得成品。

【注意事项】　无机铵盐可以是磷酸二氢铵、硫酸铵、硫酸氢铵、硝酸铵、氯化铵其中的一种或两种以上的混合物。

脂肪醛可以是甲醛、乙醛、丙醛、丁醛、丙烯醛、多聚甲醛其中的一种或两种以上的混合物。

添加剂是指缓冲剂、稳定剂、链增长剂、消泡剂其中的一种或两种以上，其中缓冲剂可以是磷酸二氢盐、磷酸氢二盐、蔗糖等；稳定剂可以是PVA、吡咯烷酮、环碳酰胺等；链增长剂可以是乙烯脲、尿素、环亚乙烯脲等；消泡剂可以是硬脂酸等。

【产品应用】　本品特别适用于印染废水、制浆造纸废水、含活性基团的有机废水以及纺织废水的处理；还可用于循环冷却水、油田注水、低压锅炉水的缓蚀阻垢以及污泥脱水处理。

【产品特性】　本品原料易得，所需设备为常规设备，投资少，工艺流程简单，生产周期短且生产过程基本上无废气、废水、废渣排放，对环境污染小；性能优良，集絮凝、脱色、脱水、缓蚀和阻垢分散等多种功能于一体，耗药量低，处理效果理想；对高碱度、高色度的废水，处理后的水可以重新回用，处理后的废渣含水率低，可作为合成染料、超强吸水剂、颜料填料等产品的原料；稳定性好，无毒，便于存放与运输；使用方便，不受季节、区域限制。

实例32　有机高分子絮凝剂(2)

【原料配比】

原料		配比(质量份)							
		1#	2#	3#	4#	5#	6#	7#	8#
聚合物A	二甲基二烯丙基氯化铵	500	800	750	600	400	300	250	200
	丙烯酰胺	500	200	250	400	600	700	750	800
	丙烯酸	100	10	50	100	150	200	250	300
	引发剂	适量	适量	适量	适量	适量	适量	适量	适量
聚合物B	二甲基二烯丙基氯化铵	300	800	750	600	400	300	250	200
	丙烯酰胺	700	200	250	400	600	700	750	800
	二乙基二烯丙基氯化铵	200	10	50	100	150	200	250	300
	引发剂	适量	适量	适量	适量	适量	适量	适量	适量
聚二甲基二烯丙基氯化铵		200	20	80	160	240	320	480	560

【制备方法】

(1)向反应釜中加入二甲基二烯丙基氯化胺、丙烯酰胺、丙烯酸以及引发剂,在10~80℃的温度下,反应3~8h,制得聚合物A。

(2)在另一反应釜中加入二甲基二烯丙基氯化铵、丙烯酰胺、二乙基二烯丙基氯化铵以及引发剂,在10~80℃下,反应3~8h,制得聚合物B。

(3)将聚合物A与聚合物B混合,再加入聚二甲基二烯丙基氯化铵,在10~50℃下进行复合,即得成品。

【注意事项】 聚合物A中二甲基二烯丙基氯化铵与丙烯酰胺的比例关系为1:(0.25~1):4,丙烯酸为1~30,引发剂可以是过硫酸铵或亚硫酸氢钠。

聚合物B中二甲基二烯丙基氯化铵与丙烯酰胺的配比关系为1:(0.25~1):4,二乙基二烯丙基氯化铵为1~30,引发剂可以是过硫酸铵或亚硫酸氢钠。

聚合物A与聚合物B的配比关系为1:1,聚二甲基二烯丙基氯化铵为1~28。

【产品应用】 本品适用于含油废水(如炼油厂排放的含有分散油和乳化油的废水)的处理。

【产品特性】 本品的制备工艺简单,操作安全;性能优良,使用方便,无须制备无机物而单独使用,产生絮凝体速度快,除油率高,水质透明度高;性质稳定,安全可靠;不腐蚀设备及堵塞管道,对含油废水处理投入量少,大大降低了设备维修次数,可以节约大量"三泥"处理费,减少二次污染。

实例33 有机无机物共聚脱色絮凝剂

【原料配比】

原料		配比(质量份)
A	甲醛(37%)	290
	双氰胺	140
	氯化铵	70
	羟乙基乙二胺	15

续表

原　料		配比(质量份)
B	三氯化铁	70
	水	40

【制备方法】

1. 制备方法一

在带机械搅拌器和温度计的反应器中，加入甲醛、双氰胺、氯化铵、羟乙基乙二胺、三氯化铁和水，开动搅拌器搅拌，用水浴加热，反应属放热反应。反应开始后，停止加热，控制温度为80～85℃，反应4h；然后冷却至25～30℃，得产品。

2. 制备方法二

在带机械搅拌器和温度计的反应器中，加入甲醛、双氰胺、氯化铵、羟乙基乙二胺和水，开动搅拌器搅拌，用水浴加热，反应属放热反应。反应开始后，停止加热，控制温度为85～90℃，反应3h；然后冷却至30～35℃，加盐酸调节pH值至1～2；加入三氯化铁，再继续搅拌30min，即得产品。

【产品应用】　本品主要用于工业废水的处理。

【产品特性】　本品原料易得，配比科学，工艺简单，通过改变A、B两组分之间的比例，可以得到不同的产品，满足不同的工业废水的处理需要。本品使用方便，絮体大、沉降速度快，处理效果好。

实例34　无机有机复合絮凝剂

【原料配比】

原　料	配比(质量份)		
	1#	2#	3#
铝：淀粉	1：1	—	—
铁：淀粉	—	1：1	10：1
玉米淀粉	20	10	10

续表

原料	配比(质量份)		
	1#	2#	3#
水	250	190	50
氢氧化钠(25%)	20(体积份)	—	—
氢氧化钠(50%)	—	5(体积份)	—
氢氧化钾(10%)	—	—	10(体积份)
三氯化铝	100	—	—
三氯化铁	—	45	—
水	100	70	—
铁粉	—	—	100

【制备方法】

1. 淀粉的改性

将淀粉溶解于水中，再缓慢加入碱溶液搅拌混合，于常温 20～99℃温度条件改性反应 10min 至 36h；改性反应中碱溶液浓度没有限制，最佳为 10%～80%；改性淀粉可以通过常规干法制备，然后再溶解于水，配成溶液。

2. 复合或共聚反应

(1)当采用可溶性铁盐时，铁盐中铁与淀粉的质量比为(100～1.5)：1，先将铁盐调节酸碱度至 pH 值为 0.1～4，将改性淀粉乳状液加入混合后，再微调 pH 值进行复合反应。

(2)当采用可溶性铝盐时，铝盐中铝与淀粉的质量比为(50～1)：(1～5)，先将铝盐调节酸碱度至 pH 值为 0.1～4.5(pH 值为 2.5～3.5 最佳)，将改性淀粉乳状液加入混合后，再微调 pH 值进行复合反应。

(3)当采用可溶性铁盐和铝盐时,铝盐中的铝与铁盐中的铁与淀粉的质量比为(50～0.1)∶(100～0.1)∶1[较好的质量比为(20～0.5)∶(10～0.1)∶1],先将改性淀粉乳状液加入无机铝盐和铁盐酸性溶液中,混合调 pH 值为 0.1～4.5。

反应在 20～99℃下搅拌进行,时间为 10min 至 36h,熟化后得产品。产品可根据需要经过过滤、干燥、粉碎,成固体产物。此时反应过程在常温(20℃)下需要的时间较长(12～36h),在较高温度(99℃)下,反应时间较短(10min 至 1h)。

所述淀粉改性过程中搅拌速度的控制为:首先高速搅拌 1～10min,速度 50～300r/min,使淀粉均匀分散在水中;随后在 10～30min 内匀速加入碱液,加入过程中电动机的速度梯度为:20～50r/min,5～15min;30～50r/min,2～10min;10～30r/min,3～5min;最后可向反应釜隔套通蒸汽升温至反应温度;反应过程中改性淀粉溶液随反应进行其黏度逐渐降低,根据改性淀粉黏度的降低程度逐渐增加转速,转速范围为 10～300r/min。

复合或共聚反应过程中搅拌速度的控制为:反应物混合期间转速为 50～200r/min,反应期间保持该转速;或(2)混合期转速为 50～200r/min,反应期转速调节至 10～50r/min。

【注意事项】 本品中改性反应中的碱为烧碱、氢氧化钾或氢氧化钙等经济性能较佳的碱。

淀粉为玉米淀粉、甘薯淀粉,或其他作为淀粉利用的工农业废弃物。

铁盐为三氯化铁、硫酸铁、经预处理的钢铁工业生产中含铁的废弃物以及经处理后富含铁的矿石或矿砂;或含铁的其他废料,按常规方法纯化、浓缩进行预处理。

铝盐可以自制,取铝粉,按常规方法加入硫酸、硝酸或盐酸至完全溶解;铝土矿、铝工业生产中含铝的废弃物以及化工行业、制药工业中作为催化剂使用的含铝的催化剂,按常规方法纯化、浓缩进行预处理。

【产品应用】 本品适用于造纸行业污水、啤酒生产污水、味精生产污水等工业污水和城市生活污水的处理,特别适合于高浓度污水的处理。

【产品特性】

(1)经济性能好。本品的絮凝效果相当于现有聚合氯化铝絮凝剂的2.5~3倍;污泥产量低,污泥结构致密,水分含量少,有利于污泥的后续处理。成本低,还可对各种形式的工农业淀粉类废弃物进行无害化、再循环利用。

(2)性价比高。本品以廉价无机盐和天然有机高分子淀粉为原料,其优化配方和制备工艺保证了产品的生产成本与现有市售无机絮凝剂成本相当,处理效果提高2~3倍;以水为反应溶剂,进一步提高了产品的市场竞争力。

(3)产品品质好。处理后水体中的“三致物质”大大降低。

(4)产品的稳定性好,储存期长(可达6个月以上),在产品的商品化过程中具有重要的作用。

(5)对环境友好,无二次污染。另外,本品还具有去除含高浓度重金属的废水等污染物的功能。

(6)适应性广,使用本絮凝剂通过化学强化絮凝工艺可以大大降低污染负荷,为后续其他处理工艺降低成本。

实例35 复合型净水絮凝剂

【原料配比】

原料	配比(质量份)
葡萄糖	54.6
磷酸氢二钾	27.3
磷酸二氢钾	10.9
七水合硫酸镁	1.09
氯化钠	0.55
尿素	0.278
酵母膏	0.278
水	5.004

【制备方法】

(1)配制液体发酵培养基：液体发酵培养基由葡萄糖、磷酸氢二钾、磷酸二氢钾、七水合硫酸镁、氯化钠、尿素、酵母膏和水组成，并调节液体发酵培养基 pH 值为 7.5。

(2)发酵培养：在 30℃、旋转式摇床的速度为 140r/inin 的条件下发酵 48h。

(3)精制：用 5000r/min 的转速离心发酵液 30min，过滤，将滤液减压浓缩至原来体积的 50% 后再加入冷乙醇溶液进行沉淀，弃去上清液，沉淀物用乙醇或乙醚稀释之后在真空度为 8～11Pa 的条件下进行真空干燥，得到生物絮凝剂固体。

(4)将生物絮凝剂固体粉末溶于去离子水中配制成 1000mg/L 的生物絮凝剂溶液。

(5)将生物絮凝剂溶液与无机絮凝剂溶液复配：将 $AlCl_3$ 或 $FeCl_3$ 溶于去离子水中得到 1000mg/L $AlCl_3$ 或 $FeCl_3$ 的无机絮凝剂溶液，再将生物絮凝剂溶液和 $AlCl_3$ 或 $FeCl_3$ 无机絮凝剂溶液按体积比为(5～20)：1 的比例混合，即得到复合型净水絮凝剂。

【产品应用】　本品主要应用于污水净化。

【使用方法】　将本品制得的复合型净水絮凝剂中，根据需要处理水的体积投加 4～30mL/L 的本品复配药剂，然后以 160～200r/min 的搅拌速度搅拌 50～70s，再以 40～70r/min 的搅拌速度搅拌 4～6min，最后静置 15～30min，上层清液即为符合水质标准的出水。

【产品特性】　本品制得的复合型净水絮凝剂具有对环境无污染、对人体无害、絮凝率高的优点。

主要参考文献

[1]王炜. 工业循环冷却水复合水处理剂:中国,200510026892.3[P]. 2006-12-20.

[2]王风云,雷武,夏明珠. 低膦复合缓蚀阻垢剂:中国,200410065432.7[P]. 2006-06-07.

[3]张静. 改性红辉沸石净水剂:中国,200510020301.1[P]. 2005-9-28.

[4]黄瑞敏,杨晓军,林德贤,等. 有机—无机物共聚脱色絮凝剂及制备方法:中国,200510100418.0[P]. 2005-10-21.

[5]秦亚兵. 煤气热水器除垢剂:中国,200910036367.8[P]. 2009-09-22.